日常は数学に満ちている

三谷純 著

山と溪谷社

はじめに

　私たちの日常には数学にまつわるものごとが満ち溢れています。私たちが自然界を理解しようとする営みの中で数学が発展してきたことを考えれば、それは当然のことかもしれません。

　みなさんはこれまでに「数学」という言葉にどのようなイメージを持たれてきたでしょうか。教科書に載っている数字や記号の並び、難しい方程式は、日常とはかけ離れた問題を扱っているように見えるかもしれません。でも、そうして学習してきたことは身の回りのものを理解することに役立ちます。いろいろなものを注意深く観察すると、そこにはさまざまな数学があります。数学を通して理解を深めるプロセスは、ちょっとした発見と新しい驚きを伴う、とても楽しい営みです。高度な数学の知識は必要ありません。ものの見方を少し変えることができれば、中学、高校で学習する範囲の数学で十分理解できます。

　そうは言っても、見方を変えるというのはなかなか難しいことです。そこで本書では筆者が見つけ、考察をした日常の数学を、33のトピックを通して楽しくわかりやすく紹介します。話題はあちこちに飛んで、まとまりがないと感じられるかもしれませんが、それは私が日常のあちらこちらで見つけた数学

を綴っているからです。日常の数学にストーリーはありません。ふとしたきっかけで目の前に現れます。本書を通して、私が経験した日常と数学の接点と、そのおもしろさを知ってもらえたら幸いです。

　私が経験した楽しさを追体験いただくことで、日ごろの生活における「ものを見る目」に「数学的に見る」という新しいフィルターを追加していただければ、日常のささいな瞬間が、数学的な発見につながるかもしれません。

　私は小さなころからものづくりが好きでした。そのため、本書でとりあげた話題の中には、ものづくりに関係するものも数多くあります。それらについては、ぜひ実際に手を動かしてみてください。ものづくりには数学的な要素がたくさん含まれています。手を動かしてものを作るなかで、数学の楽しさと素晴らしさがよりはっきりと感じられることでしょう。

　本書に登場する話題の多くは、私が日常感じたことをポストしているX（旧Twitter）上で公開してきたものです。Xの限られた文字数では発信しきれなかった内容をふんだんに盛り込み、幅広い数学的な話題を紹介しています。この本を通じて皆様に、日常生活のなかにある数学の楽しさを感じていただけたら幸いです。

もくじ

はじめに …………………………………………………………………………… 2

第1章
身の回りの数と形の不思議

1　ジャンケントーナメントではパーが最強!? ………………… 8

2　種も仕掛けもある算数マジック …………………………… 18

3　身の回りにある数字、最も多く使われているものは? ……… 23

4　光が作る円錐曲線 ……………………………………………… 30

5　三日月の正しい形は? ………………………………………… 33

6　ポン・デ・リングを描く関数 ………………………………… 37

7　間違っているけど正しい約分 ………………………………… 45

8　数学的難問! コラッツ予想 ………………………………… 52

9　変な魔方陣 ……………………………………………………… 56

10　見た目が違っても体積が同じリングたち …………………… 61

11　凸多角形とレーダーチャート ………………………………… 65

12　サイコロでお年玉の額を決めたら楽しい? ………………… 69

13　三角形の集まりで作る形 ……………………………………… 75

14　けん玉チャレンジの成功率 …………………………………… 84

15　1Lの牛乳パックの寸法を推測してみる ……………………… 89

16　2列と3列に分かれている新幹線の座席 ……………………… 95

第2章
触って作って感じる数学

17　積み木の片づけを楽しむ …………………………………… 102

18　綿棒が作る不思議な曲面 一葉双曲面 ……………………… 108

19　プラレールのレールが30本あれば200年以上遊べる ……… 117

20　一周して戻ってくるプラレールのレイアウトを

　　　　　　　　　　　　　作るのは簡単?　難しい? …………… 128

21　円周率を見る ………………………………………………… 136

22　ハノイの塔のアルゴリズム …………………………………… 141

23　紙を曲線で折ると楽しい ……………………………………… 146

24　紙を半分に折り続けると月にも届くというけれど ………… 152

25　繰り返して折る不思議 ……………………………………… 159

26　くす玉を作るのに必要な折紙の枚数と多面体の双対の関係 …… 165

27　ポップアップする図形 ………………………………………… 169

28　リンゴをクルクル回してむいた皮の形 …………………… 178

29　マス目を塗って描くフラクタル図形 ……………………… 184

30　結構適当に作る星型多面体 ………………………………… 190

31　折紙の展開図の不思議 ……………………………………… 195

32　レターパックにできるだけたくさん入れるには? …………… 204

33　紙テープで作る螺旋 ………………………………………… 214

あとがき ………………………………………………………… 220

さくいん ………………………………………………………… 222

装丁・本文デザイン／イラスト
吉池康二（アトズ）

第1章 身の回りの数と形の不思議

何気ない日常も
「数学」というフィルターを通して眺めてみると、
新鮮な驚きや発見に満ち溢れます。
身近な話題から、法則や原理を見つけ出し、
数学的に考えることを楽しみましょう。

1 ジャンケントーナメントではパーが最強!?

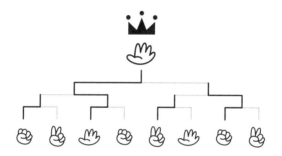

図1-1 ジャンケンのトーナメント表

 ジャンケンのグー、チョキ、パーでトーナメント戦をしたらどうなるでしょうか。トーナメント戦では必ず優勝者が1人に決まりますから、一番強い手を決定できるはずです。とりあえず、8者でグー・チョキ・パーの順に並べて試してみたら、上の図のようにパーが優勝しました。パーが最強ですね。これって正しい?

トーナメント方式

トーナメント方式は複数の参加者の中から優勝者を決定する方法として、さまざまなスポーツ競技の場で広く採用されています。第1回戦では参加者の半分が脱落し、次の戦いまで進めるのは残りの半分だけ。そして第2回戦では、やはりその半分が脱落します。こうして効率的に（情け容赦なく？）敗者を競技から退場させていくことができます。対戦を重ねるごとに勝ち残るものが半分に減り、最後に残った2名が優勝をかけた勝負を行うことになります。

トーナメント方式で優勝するまでの試合数

トーナメント方式で優勝するまでに勝ち続けなければいけない試合数と参加者の数との関係を考えてみましょう。参加者が2名なら1回勝てば優勝、そして4名なら2回勝てば優勝です。8名なら3回で優勝。といった具合に参加者が2倍になると優勝までの対戦数が1ずつ増えます。これを式で表すと次のようになります。

$$（試合数）= \log_2（参加者数）$$

$\log_2$という記号が登場しました[1]。これは「参加者数が2の何乗であるか」を表す書き方で、それが「試合数」と等しいことを表します。

---

[1] $\log_2 n$というのは、nは2の何乗に等しいか、ということを表します。例えばnが16のときに$\log_2 n$は4になります。16は2の4乗だからです。

$$2^{(試合数)} = (参加者数)$$

と表記した方がわかりやすいかもしれません。最初の式と、2番目の式は書き方が違うだけで、同じことを表しています。

ただし、このようなシンプルな式で表現されるのは、参加者数が2, 4, 8, 16, 32のように、ちょうど2^nの形で表されるときだけです。たとえば参加者が7人の場合、1人は1回戦目を戦わずに2回戦目から参加することになります(**不戦勝**または**シード**[※1]と呼ばれます)。この場合は、下の図に示すように参加者によって優勝するまでの試合数が異なるので、公平とは言えなそうです。

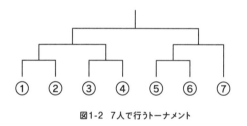

図1-2 7人で行うトーナメント

トーナメント全体の試合数

トーナメント方式では試合をして負けた方が脱落します。つまり、1回の試合が行われるたびに1人が脱落し、最後まで負けなかった1人が優勝します。そのため、トーナメントへの参加者がn人であるとき、実施される試合の総数は$n-1$回です。これは、シードがある場合でも

※1　有力者どうしが序盤で当たることがないように、有力者をトーナメント表にばら撒くことを意味するもので、種まき=seedが語源です。

成り立ちます。先ほどの7人で行うトーナメントでは6回の試合があります（数えてみましょう）。

参加者数nがちょうど2の累乗である公平なトーナメントの場合、1回戦では$\frac{n}{2}$回の試合が行われ、2回戦では$\frac{n}{4}$回の試合が行われます。試合の総数が$n-1$回ですから、

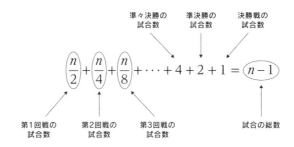

という興味深い式が導き出されます。つまり、2の累乗で表される数nがあったとき、その半分、その半分、そのまた半分、という操作を1になるまで続けたときに、それまでに現れた数を全部足し合わせると$n-1$になります。

たとえばnが32の場合、

$$16+8+4+2+1=31$$

ですから、確かに$n-1$になりました。

ジャンケンとリーグ戦

さて、ここからはジャンケンについて考えてみます。おなじみのジャンケンは、グーがチョキに、チョキがパーに、そしてパーがグーに勝ちます。強い順に並べようとすると、下の図のようにグルっと一周してしまい、一番強いものを決めることができません。

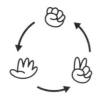

図1-3　ジャンケンの関係（強い方を矢印で示します）

このような関係を**三つ巴**、または**三すくみ**といいます。もし、グーとチョキとパーで**リーグ戦（総当たり戦）**をしたら、次のようにどの手も1勝1敗になって、それぞれが等しく強いということになります（リーグ戦の試合数は、参加者数がnのとき $\dfrac{n(n-1)}{2}$ で表されます）。

	✊	✌	🖐	勝敗
✊		○	×	1勝1敗
✌	×		○	1勝1敗
🖐	○	×		1勝1敗

表1-1　ジャンケンの総当たり表

ジャンケンとトーナメント戦

それでは、グーとチョキとパーがトーナメント戦をしたらどうなるでしょう。トーナメント戦では必ず優勝者が1人に決まりますから、一番強い手を決定できるはずです。

ただしグーとチョキとパーの3つでは、公平なトーナメントを作れないので、どれかがシードになります。すると下の図のように、シードになったものが優勝することになってしまいます。

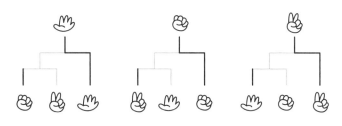

図1-4　シードのあるジャンケンのトーナメント戦

なぜシードの手が優勝するのかを考えてみるとおもしろいです。最初に対戦して勝った方は、次の相手には必ず負けてしまうのです。もし、最初に対戦して勝った方が次も勝ってしまったら、その手は自分以外の両方に勝ってしまうことになって、これは三つ巴な状態であることと矛盾します。そのため、第2回戦から参加する手が優勝するのです。

同じ強さの三者であるのに、対戦の組み合わせ次第で優勝者が決まってしまうのですから、トーナメント方式自体が公平ではないと言えそうです。

それではしかたがないので、グー、チョキ、パーの並びの後ろにグーを追加して、参加者数が4のトーナメント戦としてみましょう。グーだけ2回参加することになりますが、しかたがありません。

すると、下の図のようにパーが優勝します。

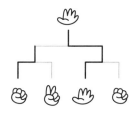

図1-5　参加者数が4のジャンケントーナメント

今度はトーナメント表の大きさを2倍にして、参加者数が8のトーナメント戦にしてみましょう。やはり左側からグー、チョキ、パーの順で並べるものとします。

これが冒頭にも示したトーナメント戦の図です。

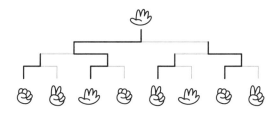

図1-6　参加者数が8のジャンケントーナメント（再掲）

またパーが優勝です！トーナメント戦では、いつでもパーが優勝するのでしょうか。試しにトーナメントの大きさをさらに2倍してみましょう。

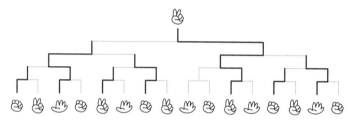

図1-7　参加者数が16のジャンケントーナメント戦

今度はチョキが優勝しました。不思議ですね。

トーナメントの参加者数を4から始めて、2倍、2倍と大きくしていくと、優勝者が

✌️ → ✌️ → ✋ → ✋ → ✊ → ✊ → ✌️ → ✌️ → ✋ → ✊ → ✊ ⋯

と変化していきます。こんな法則があったなんて予想外です。

第1章　身の回りの数と形の不思議

　今度はトーナメント表が際限なく大きいとしましょう。そうすると、は
じめは左から

✊ → ✌ → 🖐 → ✊ → ✌ → 🖐 → ・・・

と並んでいたものが、1回戦終了後には、

✊ → 🖐 → ✌ → ✊ → 🖐 → ✌ → ・・・

という順番になります。2回戦終了後には、

🖐 → ✊ → ✌ → 🖐 → ✊ → ✌ → ・・・

という順番に並び変わります（試してみましょう）。

　✊ ✌ 🖐 を数字の1, 2, 3で表すと、はじめに123…だった並び
が、対戦を重ねるごとに

$$123 \to 132 \to 312 \to 321 \to 231 \to 213 \to 123$$

という具合に6回の並び順の変化を経て、最初の状態に戻ってきます。
どの並び順でも、同じ数字が隣りどうしになることがないので、対戦
の途中で引き分けが一度も出ないことがわかります。ちなみに、3つ
の要素の並び方は6通りしかなくて、その6通り全部が1回ずつ登場し
ていることを確認できます。とてもおもしろいですね。

　6回戦を終えた後には、再び123…の並び、つまり

✊ → ✌ → 🖐 → ✊ → ✌ → 🖐 → ・・・

という、最初の状態が現れることを確認できます。トーナメントの参加者数を2倍、2倍と大きくしていったときに優勝者が下の図のように6回で一巡するのも、このような理由からです。

みなさんもぜひ実際にトーナメント表を書いて、いろいろ試してみてください。ジャンケンのトーナメントなんて面白味がないような気がしますが、こんなふうに意外な発見がたくさんあります。

コラム

英語でトーナメント表のことを
何という?

「時間割表」のように、一般的には行と列によって四角い領域をマス目で区切ったものを「表」と言うので、トーナメント戦を表す図のことをトーナメント表と言うのは不思議な気がします。実際のトーナメント表は樹形図になっているので、トーナメント木と呼んだ方が正しい呼び方かもしれません。ちなみに英語では、トーナメントブラケット(Tournament Bracket)と呼びます。ブラケットは括弧のことで、トーナメント表を横向きに描くとカギ括弧の記号] が並んでいるように見えることから、そう呼ぶようです。

2 種も仕掛けもある算数マジック

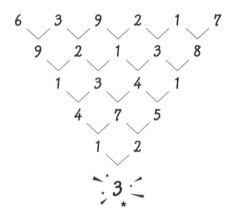

図2-1　上に並んだ6つの数字から一番下の数字を導き出す

　ちょっとした計算で、一緒にいる人をびっくりさせることができる楽しい算数マジックがあります。もちろん仕掛けがあるのですが、初めて見た人はきっと驚きます。

種も仕掛けもある算数マジック | 019

最後に出てくる数字を当てる

　とてもおもしろい算数マジックを飲み会の席で数学の先生に教えて
もらいました。だいぶ前のことで、先生のお名前は忘れてしまったの
ですが、マジックの内容はおもしろくて覚えているので、ここで紹介
します。

　まず誰かに1桁の好きな数字を6つ、横に並べて書いてもらいます。
ここでは冒頭の図のように6, 3, 9, 2, 1, 7という数字だったとしましょ
う。それから次の手順に従って最終的に1桁の数字を導き出します（文
章で説明していますが、冒頭の図を見た方が簡単に理解できるかもし
れません）。

（1）数字を端から順番に見ていって、隣り合う数字を足し合わせます。
（2）足し合わせた値の1桁目（5+7=12なら2です）を下に書きます。
（3）これを繰り返して、6つの数字に対して5つの数字を作り出します。
（4）この5つの数字に対して同じ操作をして、新しい4つの数字を作
　　り出します。
（5）上記の手順を繰り返すと、最後に1つの数字が出てきます。

　さて、ここでマジックです。最後に出てくる数字を、最初の数字6
つを書き終えた瞬間に言い当てることができるのです。6つの数字を
書き終えた瞬間に声に出して「結果は3になるよ」と宣言してもよいし、
紙に書いておいて後から答え合わせをして驚かせるのでもよいでしょう。
答えを出すにはかなり手間がかかるのに、一瞬で言い当ててしまうの
ですから驚きです。

さて、どのように答えを言い当てるかを説明しましょう。紙に書かれた数字に対して左から順番に①～⑥の番号を割り当てると、最後の数字は次のようになります。

②+⑤が偶数の場合：①+⑥の1桁目
②+⑤が奇数の場合：①+⑥+5の1桁目

冒頭の図の例だと、左から2番目の数字（3）と5番目の数字（1）の和は偶数なので、一番左（6）と一番右（7）を足して13、この一桁目である「3」が答えになります。そんなに難しくないですね。これさえ覚えてしまえば、あなたも周りのみんなを驚かせることができます。

算数マジックの種明かし

なぜ先ほどの方法で最後の数字を言い当てられるのか種明かしをしましょう。

左端から並んだ6つの数字を記号①, ②, ③, ④, ⑤, ⑥で表すものとして、最後の1つになるまで足し算をしてみます。

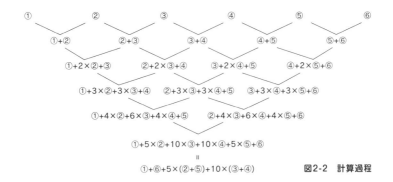

図2-2 計算過程

すると、図2-2のように、最後は

$$①+5×②+10×③+10×④+5×⑤+⑥$$

になります。

これを整理すると

$$①+⑥+5×(②+⑤)+10×(③+④)$$

です。

　$10×(③+④)$ は、③と④がどのような値であっても1桁目は0になるので、結果に影響しません。

　②+⑤が偶数のとき、$5×(②+⑤)$ は10の倍数になりますから、この1桁目はやはり0になって結果に影響しません。その結果、最後に出てくる数字は①+⑥の1桁目ということになります。

　②+⑤が奇数のときには、②+⑤$=2n+1$と表せるので、$5×(②+⑤)=5×(2n+1)=10n+5$となって1桁目は5になります。その結果、最後に出てくる数字は①+⑥+5の1桁目ということになるのです。

　以上が種明かしです。

　それではさっそく家族や知り合いと一緒にやってみましょう。その際、

次のようにすると、より上手に驚かせることができますよ。

　最初の6個の数を決めるときに少し介入して、②＋⑤が偶数になるようにします。このような状態で何回かやると、勘の良い人は「①＋⑥を計算すればいいんでしょ」と気づきます。そのうえで、②＋⑤が奇数になる場合を作ってあげると、「え、違うの?」と驚くことになり、答えを見破るのが難しくなります。

3
身の回りにある数字、最も多く使われているものは？

図3-1　スーパーの広告に載っているいろいろな商品の値段

　新聞と一緒に届くことが多いスーパーのチラシも、最近では紙媒体ではなくてインターネット上で見られることも多くなりました。いろいろな商品の価格が載っていて、たくさんの数字が並んでいます。このなかに0〜9の数字が、それぞれいくつあるか数えてみたら、何かおもしろい発見があるでしょうか。

スーパーのチラシで使われている数字

スーパーのチラシも、じっくり見るとおもしろい発見があるものです。チラシに書かれている商品の価格は「安いかな?」という気持ちで見ることが多いですが、たまには「どんな数字が使われているかな?」という観点から見てみましょう。そうすると、たとえば最後の1桁が8になっている商品が多いことに気づきます。これは、心理的に「お買い得」と感じる数字のマジックだそうです。

さっそく、スーパーのチラシに掲載されている商品の金額をすべて拾い上げて、0～9それぞれの数字が何回登場するか調べてみましょう。結果はどうだったでしょうか。私の手元にあったチラシで試してみた結果は、次の表のとおりでした。

数字	0	1	2	3	4	5	6	7	8	9
登場回数	15	11	8	7	6	5	4	8	19	6

表3-1　スーパーのチラシに使われている0～9の登場回数

8の登場回数が一番多いだろうとの予想は見事に当たっています。もっとも少ないのは6でした。8に対して5分の1くらいしか登場していません。たしかに末尾が6の商品をあまり見かけません。さらに、スーパーで売っている商品は100円～500円くらいにだいたい収まるので、600円代の商品もあまりない気がします。このような理由から6が少なかったのでしょう。

さて、8に続いて2番目に多いのは0でした。最初の1桁目が0に

なることはないので、登場回数としては不利な立場ですが、120円や180円など、末尾が0円の数字が多かったためと言えそうです。

登場回数をグラフにすると、下の図のようになりました。

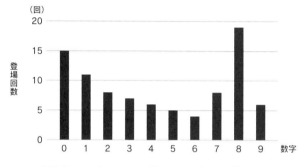

図3-2　スーパーのチラシに使われている0〜9の登場回数

調査した数が少ないので、たまたまかもしれませんが、0から6に向かって減少していくのは、おもしろいですね。

今回はスーパーのチラシでしたが、自動車のような高額商品の広告なら0がもっと多そうです。電話番号やマンションの部屋番号、カレンダーに登場する数字などの場合はどうでしょうか。身の回りの数における0〜9の数字の分布を調べてみたらおもしろい発見がありそうです。

ベンフォードの法則

先ほどの数字の分布は、スーパーのチラシに載っている商品の価格に関するものでした。つまり、商品の購入を検討している顧客に対

して、もっとも魅力的に見える価格として、人為的に決定されたものです。そのため、ほかの場面で登場する数字が同じような分布になるとは限りません。

ここで、**ベンフォードの法則**というおもしろい法則を紹介しましょう。これは都道府県や市町村などの人口の数値、株価、そして川の長さ、山の高さなど自然界に出てくるさまざまな数の最初の1桁だけに注目すると、その分布は一様ではなくて「1」が最も多い、という法則です。

本当でしょうか?

ためしに、日本の市町村別の人口を取り上げて、そこに登場する数の最初の1桁を見ていくことにしましょう。ここでは政府が公開している住民基本台帳の統計データ[1]に含まれる数字を見てみます。

e-StatというWebページから、都道府県、市町村という異なる規模での人口データが1つのExcelファイルに格納されたものをダウンロードできます[2]。ほかにも膨大な量の統計データが公開されています。みなさんが納めた税金で整備されたデータですから、ぜひ一度見てみましょう。どんなデータがあるのか眺めるだけでも楽しいです。

さてさて、その都道府県および市町村別の人口をまとめたデータに含まれる数字を見てみると、最も大きいものは東京都の人口である12,548,258で、最も小さいものは青ヶ島村の人口である157でした（どちらも最初の1桁は1ですね）。東京都と村の人口を同じように並べてしまうのはおかしな気がしますが、今回は数そのものに興味があるので、よしとしましょう。このような数が全部で2,336個ありました。

---

[1] 「令和5年1月1日住民基本台帳人口・世帯数、令和4年（1月1日から同年12月31日まで）人口動態（市区町村別）（総計）」
[2] 政府統計の総合窓口 *https://www.e-stat.go.jp/*

次に、これらの数の最初の1桁目の分布を調べてみましょう。最初の1桁目が0になることはないので、1～9の数字の登場回数を調べることになります。どうなるでしょうか。

結果は次のようになりました。

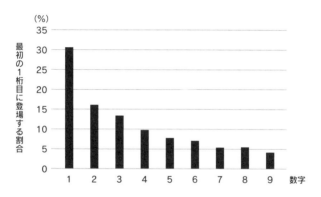

図3-3　都道府県、市町村別の人口の最初の1桁の数字の分布

最初の1桁目が1である割合が約30％と、ほかの数字よりも圧倒的に多いことがわかります。スーパーのチラシに載っている数とは分布の形が全然違うことがわかって興味深いです。

たとえば、500～1500の範囲で値が一様に分布していた場合、その半分は1で始まることになるので、なんとなく1が多い、ということは直感的にわかります。

ベンフォードの法則では、最初の1桁目が数字のdである確率$P(d)$は、次の式によって示されます（$\log_{10}$の表記については次ページのコラムで解説します）。

$$P(d)=\log_{10}\frac{d+1}{d}$$

これを実際に1～9の数字に当てはめて計算した値と、先ほどの調べた結果のグラフを並べると、下の図のようになります。

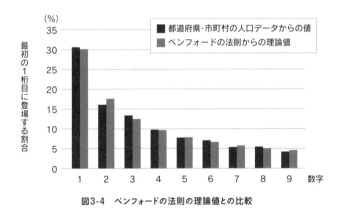

図3-4 ベンフォードの法則の理論値との比較

2つの分布を見比べてみると、都道府県・市町村の人口で調べた結果とベンフォードの法則の理論値が、とてもよく一致していることに驚きます。ランダムに登場しているかのように思える数にも、法則があるのですね。

コラム

対数の話

ベンフォードの法則の式に登場した$\log_{10} x$という表記はxが10の何乗に等しいかを表すもので、**常用対数**といいます。たとえばxが100のときに$\log_{10} x$は2になります。100は10の2乗だからです。xが1000のときに$\log_{10} x$は3です。直感的には、10を何回掛けたらxになるかを表す数だと理解できますが、値は整数に限らず$\log_{10} 50 = 1.699\cdots$といった具合に小数点を含む値にもなります。$y = \log_{10} x$のグラフを描くと、下の図3-5のようになります。

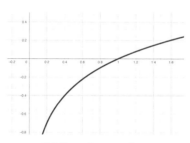

図3-5 $y = \log_{10} x$のグラフ

10の0乗は1なので、このグラフは$(1, 0)$, $(10, 1)$, $(100, 2)$を通ります。ズームアウトして幅広い範囲を見ようとすると、グラフの線はほとんど水平に見えます。高校のときの教科書に載っていた対数グラフのイメージとだいぶ違いますね。

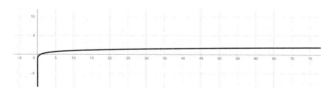

図3-6 $y = \log_{10} x$のグラフ

4
光が作る円錐曲線

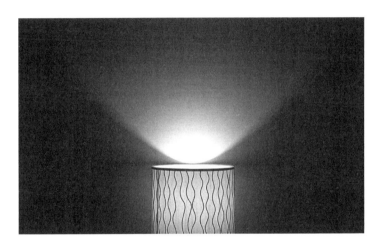

図4-1 照明からの光が壁にあたっている様子

　暗闇の中で壁に向かって懐中電灯を点けると、光が当たって明るい領域が壁の上に現れます。明るい領域と暗い領域の境界に注目すると、そこに**二次曲線**を見つけることができます。

光の広がり

　一般的な懐中電灯は中に小さな電球があって、そこから光が発せられます。このような光源を**点光源**と呼び、光は遠くに行くにしたがって広がります（太陽の光のように、平行に届くものは**平行光源**といいます）。点光源から発せられた光は、横から見ると三角形に見えますが、光が届く空間は下の図のように円錐の形をしています。

図4-2　光が届く空間

　冒頭の図は、このような点光源から出た光の円錐形が壁に遮られることによってできた形です。つまり、円錐を平面で切断したときの切り口の形だと言うことができます。

円錐を切断すると

　円錐は小学校で習う単純な図形でありながら、とてもおもしろい性質を持っています。円錐を平面で切断して、そこに現れる切り口の形に注目してみると、切り口の輪郭には**放物線**、**双曲線**、**楕円**といった、特徴的な曲線が現れるのです。これらをまとめて二次曲線と呼びます。

円錐の切り口に現れる曲線であることから**円錐曲線**と呼ぶこともあります。

円錐の切断の仕方と現れる曲線の種類の関係は次の通りです。

円錐の切断の仕方	現れる曲線の種類
側面をぐるっと一周回る切り口で切断する	楕円（円も含まれます）
側面を構成する直線（母線）と平行な平面で切断する	放物線
上記以外のとき	双曲線（円錐の頂点を通る場合は直線になります）

表4-1　円錐の切断の仕方と現れる曲線の種類の関係

図4-3　円錐の切断と切り口に現れる曲線

改めて冒頭の図を見てみると、照明によって作り出された光の円錐を、壁が切断することによって、その切り口の形が明るく照らされています。切り口の境界がぐるっと一周できる場合、その形は円または楕円ですが、そうでない場合（冒頭の図のように下から上に向けて照らした場合など）は放物線または双曲線の形になります。

懐中電灯で壁（地面でもよいです）を照らして、円錐曲線を確認してみましょう。こんなふうにして、光と陰が作る形を観察してみると、そこには数学的なおもしろさを見つけ出すことができます。

5
三日月の正しい形は?

図5-1　いろいろな三日月のイラスト

　せっかくのメルヘンチックな月のイラストにケチをつけるのは野暮ですが、上の図のイラストは、どれも正しい三日月の形とは言えません。どうしてなのかわかりますか?

三日月の形

いわゆる三日月の形は、月の一部分だけが明るく照らされることによって作り出されます。明るく見える部分は、月の表面のうち太陽の光が届いているところです。太陽の光が届いていないところは暗くて見えません[※1]。

ここで、太陽と月の関係を考えてみましょう。下の図のように、太陽がある側のちょうど半分が明るくなって、残り半分は光が届かない**陰**[※2]になります。

図5-2 太陽から月面の半分に光が届く

この状態を異なる位置から眺めると、見え方は下の図のように変化します。これが月の満ち欠けの仕組みです。

図5-3 月を異なる方向から眺めた様子

※1 今回は、月が地球の影に入る特殊な状況(**月食**と言いますね)は考えないとします。
※2 影と陰、どちらもカゲと読みますが、物が光を遮ってできる暗い部分を「影」、光や照明が直接当たらない場所を「陰」と書いて区別します。

図5-3では、月の輪郭線(つまり円)の上で光が当たる所と光が当たらない所の境目を矢印で示しています。月の輪郭線付近だけを取り出すと、下の図のように、いずれも明るいところと暗いところが半分ずつで、矢印を結ぶ線は円の中心を通ることがわかります。また、明るいところの境目は月の**大円**(球面上に作ることができる最も大きな円)です。

図5-4　図5-3の輪郭線付近だけを取り出した様子

　下の図のように、それぞれの状態を傾けた場合であっても様子は同じです。輪郭に注目すると明るいところと暗いところはちょうど半分ずつで、矢印を結ぶ線が円の中心を通ることに違いはありません。

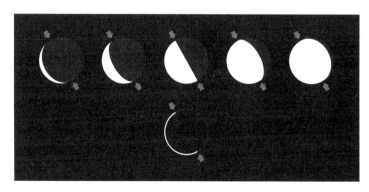

図5-5　図5-3と図5-4を傾けた様子

つまり、三日月の正しい形は、図5-3の一番左、または左から2番目のような形になります。このような理由から、冒頭の図のイラストたちは、どれも正しい三日月の形とは言えないのです。

そうは言っても、リアルな三日月は可愛さという点では今一つかもしれません。イラストでは特徴を誇張することも多いので、正確でないことを指摘するのは大人げないかもしれませんね。

でも、ここで書いたような球に光を当てたときの様子を知っていると、必要なときに正しい形を描くことができるようになります。

ちなみに、インターネット上には下の図のように暗いところに遠くの星が見えるイラストもありました。これは、いくらなんでも違和感がありすぎです。月が欠けているところは、月面が暗いだけであって本当に欠けているわけではありませんから。

6 ポン・デ・リングを描く関数

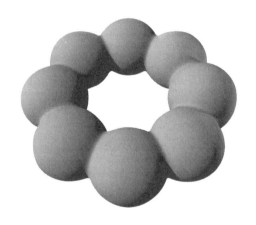

図6-1　関数で描かれた図形

　ポン・デ・リングという名前で知られる、丸い形が8個連なったドーナツを見たことはあるでしょうか。その形にそっくりな上の図形は、次の数式で表される形をコンピュータで描いたものです。

$$\sum_{k=0}^{7} \exp\left\{-0.7\left(\left(x - 6.75\cos\frac{2\pi}{k}\right)^2 + \left(y - 6.75\sin\frac{2\pi}{k}\right)^2 + 1.2z^2\right)\right\} - 0.001 = 0$$

　上の式がちょうど成り立つような、x, y, z の値の組を3次元空間に
プロットしていくと、ドーナツのような形になる、というわけです。
　($\displaystyle\sum_{k=0}^{7}$ は、k の値を0から7まで変化させて計算した式の値の和を表し
て、$\exp(\,)$ は自然対数の底 e（ネイピア数）[1] のべき乗を表します。)

　x, y, z を変数とする関数を $F(x,y,z)$ と表記すると、$F(x,y,z) = 0$
という式によって、立体の形を記述できるのです。
　関数と聞くと、中学・高校の数学でいろいろな関数のグラフを描い
たことを思い出す人も多いでしょう。グラフの曲線が何かの形に見え
たことはありませんか？　x と y を変数とする関数を工夫すると、その関
数のグラフによってイラストを描くことができます。さらには、x, y, z を
変数とする関数によって、立体図形を描くこともできるのです。

関数が描く形

　関数アートと呼ばれるアートの分野があります。関数でなにかおもし
ろい形を表現しよう、というものです。
　たとえば

$$f(x) = x^2$$

という関数のグラフは、次のような放物線を描きます。

※1　ネイピア数は2.7182818…と小数点以下が無限に続く数で、円周率と同様に**超越数**
と呼ばれます。

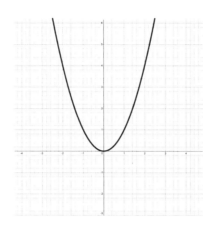

図6-2 関数 $f(x)=x^2$ のグラフ

$f(x)=x^5-3x^3+1$ のグラフは次のような形です。

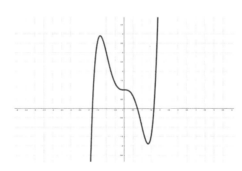

図6-3 関数 $f(x)=x^5-3x^3+1$ のグラフ

　関数によっていろいろな形のグラフが描けますから、試行錯誤によっておもしろい形を作れそうな気がしますね。
　数式を入力してグラフを描くには、GeoGebra[※2]という幾何学計算

※2　*https://www.geogebra.org/*

用のフリーソフトウェアや、desmos[1]という数式描画に特化したソフトウェアなどがおすすめです。数式を入れるだけで、そのグラフを画面に表示できます。

ところで関数には、**陽関数**と**陰関数**があることを知っていますか？
陽関数は、中学・高校の数学で学習した

$$y = (xの式)$$

という形で書かれ、xの値が与えられるとyの値が求められるといったものです。前のページに登場した2つのグラフの両方とも当てはまります。

一般的には

$$y = f(x)$$

と表記して、この$f(x)$の式によってグラフの形が決まります。

一方で、

$$x^2 + y^2 - 1 = 0$$

のように、

$$(xとyの式) = 0$$

という形で書かれたものを陰関数といいます。この式は、原点を中心

---

[1] *https://www.desmos.com/calculator*

とする半径1の円を表しています。

一般的には

$$F(x,y)=0$$

として、xとyを変数とする関数$F(x,y)$の式によってグラフの形が決まります。

$y=f(x)$という形の陽関数では、あるxの値に対してyの値が1つだけ対応するので、複雑な形を描くことはできませんが、陰関数ではいろいろな形を表現できます。

たとえば、次の式はハートの形を表す陰関数として知られています。

$$(x^2+y^2-1)^3-x^2y^3=0$$

この式を満たすようなxとyの集まりをxy平面上にプロットすると、次のようなハートの形が現れます。

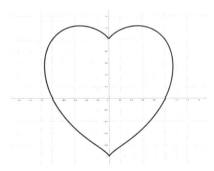

図6-4　$(x^2+y^2-1)^3-x^2y^3=0$のグラフ

このように、一般に陰関数を用いた方がいろいろな形を表現できます。

ところで、先ほどのハートの方程式のxとyの式の部分をそのまま使って

$$z=(x^2+y^2-1)^3-x^2y^3$$

としてみます。これは、xとyの値によってzの値が決まる、三次元空間のグラフとみなすことができます。このグラフを描画すると、下の図のような立体が得られます。

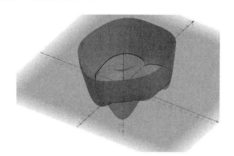

図6-5 $z=(x^2+y^2-1)^3-x^2y^3$のグラフ

この立体的な形をxy平面で切断したときの切り口を見てみると、その形は$z=0$となるxとyの値の集まりなので、ちょうどそこにハートの形が現れることになります。

3次元への拡張

$$F(x,y)=0$$

という形で表される陰関数によって、2次元の線画を描くことができま

した。これを3次元に拡張すれば、立体的な図形を描くことができます。具体的には、

$$F(x,y,z)=0$$

というように、x, y, zという3つの変数から成る$F(x,y,z)$を作って、その値がちょうど0になる座標値をプロットすることになります。

$$x^2+y^2+z^2-1=0$$

とすれば、これは原点を中心とする半径1の球の形を表します。

$$(x^2+\frac{9}{4}y^2+z^2-1)^3-x^2z^3-\frac{9}{80}y^2z^3=0$$

という式[※1]によって、下の図のような立体的なハートを描くことができます。かわいらしい形ですね。

図6-6　x, y, zを含む式によって表現されたハートの形

※1　Heart Surface – Wolfram MathWorld *https://mathworld.wolfram.com/HeartSurface.html*

さて、最初に登場したポン・デ・リングの形を定義する式をもう一度見てみましょう。式の中身はずいぶんと複雑です。以下はこの式に興味のある方に向けての説明になります。

式の中に登場する

$$\exp(式)$$

の部分は、**ガウス関数**と呼ばれる形をしています。たとえば物理学において3次元空間における電磁場などの密度を表すものとして使用されることがあります。先ほどの式では、電磁場の発生源を円周上に8個配置して、それらを加算した値を求めています。そして、その値が0.001になる場所をプロットすることで、ポン・デ・リングのような形を作り出しています。

いろいろな数式の性質を知っていると、それらの知識を組み合わせることで、関数アートを楽しむことができます。

難しいことを考えなくても、グラフ描画アプリでいろいろ遊んでみるだけでも、予想外の形が出てくるのを楽しめます。

コラム

関数アート

数式を入力すると一瞬でグラフを描いてくれるソフトウェアが登場したことで、関数でさまざまなイラストを描く関数アートを楽しむ人が増えてきています。

関数でポン・デ・リングを表現する、というアイデアは、X上で活躍しているCHARTMAN氏が最初に次のURLに投稿しています。

https://x.com/CHARTMANq/status/946000672746487808

7
間違っているけど 正しい約分

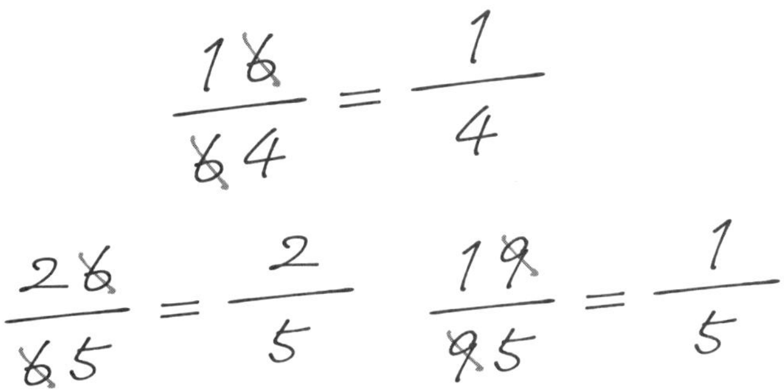

$$\frac{1\cancel{6}}{\cancel{6}4} = \frac{1}{4}$$

$$\frac{2\cancel{6}}{\cancel{6}5} = \frac{2}{5} \qquad \frac{1\cancel{9}}{\cancel{9}5} = \frac{1}{5}$$

図7-1 やり方が間違っているけど結果が正しい約分

$\frac{2}{6}$ は分子と分母をそれぞれ2で割った $\frac{1}{3}$ に等しくて、$\frac{4}{8}$ は分子と分母をそれぞれ4で割った $\frac{1}{2}$ に等しいです。分子と分母を同じ数で割る場合には、その前後で値は変わりません。このように、分子と分母を同じ数で割ることで、分母を小さな数にすることを**約分**といいます（分母をできるだけ小さな整数にすることをさして約分ということもあります）。

ところで、冒頭の図は、どうみても約分の仕方を間違っています。分子と分母を見比べて、同じ数字があればそれらを消す操作をしていますね。だけど、どういうわけか、結果は正しく約分した結果になっています。どうして?[1]

分数の約分

約分をするには、分子と分母に共通する**因数**(両方を割り切ることができる数)を見つけることがポイントです。

ためしに、冒頭の図に登場する分数に対して約分をしてみましょう。$\frac{16}{64}$ は、分子と分母がともに 16 で割り切れることに気づけば、約分して $\frac{1}{4}$ になることがわかります(この場合、因数は 16 です)。

$\frac{26}{65}$ は、分子と分母ともに 13 で割り切れるので、$\frac{2}{5}$ になります(この場合、因数は 13 です)。そして、$\frac{19}{95}$ は、分子と分母が 19 で割り切れるので、$\frac{1}{5}$ に約分できます(この場合、因数は 19 です)。書いてしまえば簡単な話ですが、この因数を見つけるのが難しいので、約分を苦手とする人も多いことでしょう[2]。

間違っている約分の方法

ところで、冒頭の図は、なにやら不思議なことをしています。どうやら約分の仕方を間違って覚えていて、分子と分母に共通して現れる

※1 この誤った約分の仕方の例は、『Book of Curious and Interesting Puzzles (David Wells (著))』で紹介されています。
※2 実際、大きな数を対象とした場合は、コンピュータでもその数を素因数分解することは難しくなります。

間違っているけど正しい約分 | 047

数字を消せばよい、と思っているようです。

その結果

$$\frac{1\cancel{6}}{\cancel{6}4} = \frac{1}{4}$$ （分子と分母に含まれる6を消す）

$$\frac{2\cancel{6}}{\cancel{6}5} = \frac{2}{5}$$ （分子と分母に含まれる6を消す）

$$\frac{1\cancel{9}}{\cancel{9}5} = \frac{1}{5}$$ （分子と分母に含まれる9を消す）

となりました。

これは結果だけ見ると正解になっています!

こんなに簡単な約分の方法があったのですね。

他の分数でも同じようなことができるのか確認してみましょう。

$$\frac{3\cancel{9}}{1\cancel{3}} = \frac{9}{1} \qquad \frac{\cancel{4}8}{2\cancel{4}} = \frac{8}{2}$$

あれれ、どちらも間違っています。

同じ数字を消す、というやり方ではうまくいかないようです。

048 第1章 身の回りの数と形の不思議

最初の例は、どうしてうまくいったのでしょう。

実は、たまたま正解になるものを選んできた、というのが種明かしです。

たとえば、分母が2桁(10～99)、分子が2桁(10～99)のすべての組み合わせは8,100通りありますが、その中から、さきほどの間違った方法で求めた答えが正解になるケースを探すと、図7-1の3つだけが見つかります[1]。とても稀な特別なケースだけを取り出していたわけです。

「すごい。簡単に約分できる画期的な方法だ!」と思ったかもしれませんが、残念。そういうわけではないのでした。

3桁、4桁だったら?

先ほどの例は分子と分母が2桁のものでした。では、3桁の場合はどうでしょう。ちょっとプログラムを作って試してみたところ、次の4つのケースが見つかりました。

$$\frac{166}{664} = \frac{1}{4} \qquad \frac{266}{665} = \frac{2}{5}$$

$$\frac{484}{847} = \frac{4}{7} \qquad \frac{199}{995} = \frac{1}{5}$$

---

[1] 分子と分母が同じ場合を除きます。

間違っているけど正しい約分 | 049

左下以外は、先ほどの2桁の場合と似ていますね。

もっとたくさん見つかると思ったのですが、たった4つしかありませんでした。

　せっかくなので、さらに4桁のものについても調べてみましょう。

　その結果、次の7種類を見つけられました。

　今回はコンピュータを使いましたが、これを手作業で見つけるのは、なかなか大変そうです。

$$\frac{1\cancel{666}}{\cancel{666}4} = \frac{1}{4} \qquad \frac{2\cancel{666}}{\cancel{666}5} = \frac{2}{5} \qquad \frac{1\cancel{999}}{\cancel{999}5} = \frac{1}{5}$$

$$\frac{195\cancel{2}}{2\cancel{5}\cancel{5}5} = \frac{19}{25} \qquad \frac{23\cancel{89}}{6\cancel{89}5} = \frac{23}{65}$$

$$\frac{13\cancel{78}}{6\cancel{78}4} = \frac{13}{64} \qquad \frac{26\cancel{78}}{9\cancel{78}5} = \frac{26}{95}$$

第1章　身の回りの数と形の不思議

logの計算の勘違い

　似たような勘違いとして、対数の計算の例があります。下の2つの式に間違いはなく、どちらも正しく計算しています[※1]。

$$\log 1 + \log 2 + \log 3 = \log 6$$
$$\log 2 + \log 2 = \log 4$$

これを見ると、なあんだ数字の部分を足し算するだけでいいのか、と勘違いしてしまいそうです。その結果、ついつい

$$\log 1 + \log 3 = \log 4$$

としてしまいそうです。
でも、正しくは

$$\log 1 + \log 3 = \log 3$$

です。
　変数a, bを使えば

$$\log a + \log b = \log ab$$

になります。数字の部分は足し合わせるのではなくて、掛け合わせるのが正しいのでした。

　分数の約分の話と同じように、計算の仕方を正しく理解していない

※1　ここでは、logの底はなんでもよいので、表記を省略しています。

と、例外的なケースを見て、計算の仕方を勘違いしてしまう危険があります。

コラム

計算尺

　ある数xと、その対数である$\log x$のあいだの変換が簡単にできる状況であれば、

$$\log ab = \log a + \log b$$

という、対数の性質を使うことで、掛け算を足し算に変換できます。たとえば、aとbを掛けた値であるcを求めたいとき、aとbの掛け算をするのではなくて、aとbの対数を求めてそれらを足し合わせ、

$$\log a + \log b$$

を求めます。この値が$\log c$ですから、今度は対数→数値の変換をしてcの値を求めることができます。つまり、2つの値の掛け算は、数値と対数の間の変換と足し算の計算に置き換えられるのです。

　電卓がなかったころ、大きな数の掛け算をすることは大変でした。そこで、対数を使うことで掛け算を足し算に変換するというアイデアで大きな数の掛け算を可能としたのが**計算尺**です。計算尺は、目盛りの操作で、数値と対数の間の変換が簡単にできました。ここでは計算尺の原理について、さらに詳しい説明はしませんが、興味を持たれたらぜひ調べてみてください。電卓の登場で、今では使われなくなってしまいましたが、それまではエンジニア必携の道具だったそうです。

8 数学的難問！コラッツ予想

1より大きな整数を1つ好きに選んで、次の操作を繰り返してみましょう。

- 偶数なら2で割る
- 奇数なら3倍して1を加える

この操作を繰り返すと、どんな数から始めても必ず1にたどり着きます。

本当でしょうか？ これが正しいことをまだ誰も証明できていません。かといって反例を見つけた人もいません。この問題はドイツの数学者ローター・コラッツにちなんで**コラッツ予想**と呼ばれています。正しいかどうか証明できたら1.2億円をもらえる（！）数学的な難問です。

コラッツ予想

　ルールは先ほど書いた通り。とても簡単です。さっそく好きな数字を1つ選んで試してみましょう。

　ためしに9を選んだとします。すると、9は奇数なので3倍して1を加えて28。次に28は偶数なので2で割って14。14は偶数なので2で割って7。7は奇数なので3倍して1を加えて22、…。こんな具合に続けていきます。

　すると、次のように遷移しながら最終的には1になることを確認できます。

$$9 \to 28 \to 14 \to 7 \to 22 \to 11 \to 34 \to 17 \to 52 \to 26 \to 13 \to$$
$$40 \to 20 \to 10 \to 5 \to 16 \to 8 \to 4 \to 2 \to 1$$

　全部で19回の計算が必要でしたので、意外と手間がかかりました。単純に値が小さくなるわけでもなく、大きくなったり小さくなったりしながら、やがて最後に1になります。

　15ではどうでしょう。同じようにしていくと、途中で40という数字が登場することを確認できます。

$$15 \to 46 \to 23 \to 70 \to 35 \to 106 \to 53 \to 160 \to 80 \to 40$$

　40という数字は、9を選んだときに途中で出てきたものなので、これ以上続けなくても、やがて1になることは明らかです。

054　第1章　身の回りの数と形の不思議

　このように、9と15という数字に対しては、コラッツ予想が正しいことがわかりました。

　他の数字ではどうでしょう。みなさんも試してみましょう。

　ちなみに、もし27を選んでしまったのでしたら大変です。その場合は、121回の計算をしないと終わりません。一時的に9,232という大きな数字になって、そして最終的にはやっぱり1になります。

　このコラッツ予想はまだ誰も証明できていない、とても難しい未解決問題です。ルールは簡単なので、だれも証明できていないのが意外に思われることでしょう。

　本当にどのような数にも当てはまるかどうかは証明されていないのですが、およそ試せる範囲では、すべて正しいことが確認されています。2の68乗、つまり295,147,905,179,352,825,856までの数であれば、すべてこの法則が成り立つことが確認済みです。

　でも、もしかしたら、これより大きな数字で始めたら1にならないかもしれません。そういった可能性を否定できていないのです。

　みなさん、反例を探すのであれば、これより大きな数字で試してみてくださいね。

　この法則が正しいことを証明できたら（または反例を示すことができたら）1.2億円の賞金がもらえるそうです[※1]。こんなに簡単なのに、多

くの数学者が挑戦して、いまだに解決できていないなんて、ワクワクします。

※1　2021年に株式会社音圧爆上げくんが、数学の未解決問題「コラッツ予想」に1億2000万円の懸賞金をかけると発表しました。

⑨ 変な魔方陣

図9-1 4×4の魔方陣

　$n×n$個のマス目に数字を配置して、縦・横・対角線のどの列でも数字の和が同じになるようなものを**魔方陣**といいます。一般には1～16の数字を1回ずつ使用します。たとえば、上の図は4×4の魔方陣で、縦・横・対角線に並んだ数字の和はどれも34になります。

　試しに1行目の数字を足してみると、1+2+15+16=34です。そして左上から右下への対角線上の数字は1+14+10+9=34になります。ほかの列に対しても確認してみましょう。

サグラダ・ファミリアにある魔方陣

下の図はガウディが設計したサグラダ・ファミリアという有名な建築物の壁面にある魔方陣です。ちょっと普通の魔方陣とは違って不思議な性質があります。

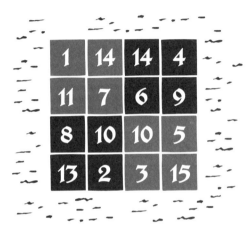

図9-2 サグラダ・ファミリアにある石板の魔方陣

よく見ると12と16がなくて、その代わりに10と14が2回ずつ登場します。そして、縦・横・対角線の、どの列でも和が33になります。偶然にも、本書に収録されているトピックの数と一緒です！ さらにそれだけではなくて、全体を4等分してできる、2×2のマス目に含まれる4つの数字の和も、やっぱり33になります。

さらにさらに、この2×2の枠を縦横に1マスずつずらして、はみ出た分は反対側に回り込むようにした分け方（図9-3に示す分け方）でも、やっぱりそれぞれの和が33になります。驚くほどよくできています。

33になる分け方

ほかにも、4つの数を足し合わせたら33になるようなパターンはあるのでしょうか?

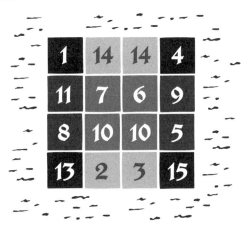

図9-3　4マスの合計が33になる分け方

これもまたコンピュータで調べてみたところ、和が33になるような4マスずつの分け方は全部で389通りありました。

もはや、本来の縦・横・対角線を見る魔方陣とは全然違ってしまっていますが、そのなかには図9-4のような、おもしろい分け方がありました。どれも、同じ色のマス目が4つずつあって、それらの和が33になります。確認してみてくださいね。

このようなマス目の分け方まで意図されたデザインなのか、偶然なのか、謎は深まります。

変な魔方陣 | 059

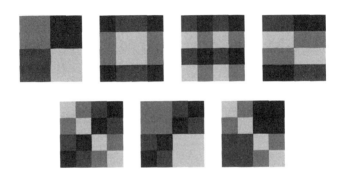

図9-4 4マスの合計が33になる特徴的な分け方

一般的な4×4の魔方陣の作り方

サグラダ・ファミリアの石板のような特殊な魔方陣ではなくて、1〜16の数字を1つずつ使用する一般的な4×4の魔方陣は、全部で880種類あることが知られています。

1〜16の数字を、試行錯誤で並べていくことで魔方陣を作り上げることも可能ですが、次のような簡単な方法もあります。

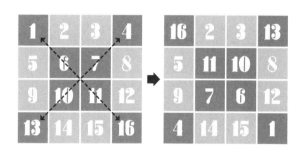

図9-5　4×4の魔方陣の簡単な作り方

まず、上の図の左のように、左上のマス目から右に向かって1から順番に数字を埋めていきます。右端に到達したら次の段の左端から同じことを続けます。

続いて上の図の右のように、対角線上に並ぶ4つの数字(2組あります)に対して、並び順を入れ替えます。左上から右下への対角線上には1, 6, 11, 16の数字がありましたが、これを16, 11, 6, 1の並び順にします。右上から左下への対角線上の数字、13, 10, 7, 4に対しても同じことを行います。

さて、このようにして得られた数字の並びは、はたして魔方陣になっているでしょうか。2×2のサイズに4等分したものはどうでしょう。

ぜひ確認してみてください。

ちなみに1〜25の数字を使って作る5×5の魔方陣は全部で2億7530万5224通りあることが知られています。

10 見た目が違っても体積が同じリングたち

図10-1 輪の大きさが異なる5つのリング

　上の図に並んでいる5つのリング。輪の大きさは異なりますが、どれもリングの幅は同じです。さて、どのリングの体積が一番大きいでしょう。パッと見た感じでは右端のものが一番大きそうですが、意外なことにどれも体積は同じです。

ナプキンリング問題

　先ほどの5つのリングは、次のようにして作られました。まず、異なる大きさの5つの球を用意します。

図10-2 異なる大きさの5つの球

それぞれの球を円柱でくり抜いて指輪の形を作ることにします。その際に、円柱の太さを調整することで指輪の幅が同じになるようにします。

図10-3 それぞれの球を異なる太さの円柱でくりぬく

すると、得られる指輪は見た目が大きく異なるものの、不思議なことにどれも同じ体積になるのです。

ここでは「指輪」と書きましたが、この形がテーブルナプキンを留めるリングに似ていることから**ナプキンリング問題**(Napkin ring problem)と呼ばれています。

リングの幅をh、もとの球の半径をrとして実際に体積を計算してみると、値は$\frac{\pi h^3}{6}$となって、球の半径であるrが含まれません[※1]。

体積はリングの幅hだけで決まることがわかります。どのリングの幅も同じに揃えているので、体積はどれも同じなのです。

円柱の太さをゼロに近づけるとどうなるか考えてみましょう。仮に、円柱の太さが限りなくゼロに近いとすると、リングの形は限りなく球に近づき、リングの幅は球の直径に等しくなります。さて、このときのリングの体積は、半径が$\frac{1}{2}h$の球の体積と等しいとみなすことができます。(球の体積)＝$\frac{4}{3}\pi r^3$の公式に(半径)＝$\frac{1}{2}h$を代入することで、リングの体積は$\frac{\pi h^3}{6}$となります。たしかに、先ほどの値と等しくなりました。

球の表面から浮かせた糸の長さ

ナプキンリング問題と同じように直感に反する問題をもう1つ紹介しましょう。

直径10mの大きな地球儀があるとして、その赤道上に糸を置いて1周させてみます。そうすると、円周の長さは直径×円周率で求められるので、約31.4mの糸が必要です。ここで、この糸を表面から50cm持ち上げることを考えます。

※1　リングの体積の具体的な計算方法は、Wikipediaの「ナプキンリング問題」のページを参照してください。

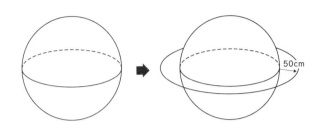

図10-4　赤道上の糸を地表から50cmだけ持ち上げる

　すると糸の長さは直径が11mの円周(約34.54m)になるので、追加で必要な糸の長さは34.54-31.4=3.14mです。

　さて、今度は本当の地球の大きさで考えてみましょう。地球の赤道の長さは約40,000kmですから、先ほどの例とは桁違いの大きさです。この赤道上に40,000kmの糸を置いて1周させたとします。そして、その表面から50cm持ち上げるのに追加で必要な糸の長さを計算してみると……。やっぱり同じ3.14mなのです。

　地球の半径をrmとしましょう。赤道の長さは$2\pi r$mです。地表から50cm持ち上げたときの糸の長さは、半径が0.5mだけ大きくなった円の周長なので、$2\pi(r+0.5)$ mです。増加した分は$2\pi(r+0.5)-2\pi r=\pi$mということで、地球の半径の値に拠らず、常に増分は約3.14mということになります。

　私たちの直感は、あまりあてになりませんね。

11 凸多角形とレーダーチャート

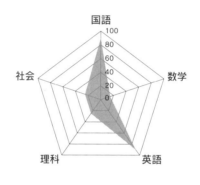

図11-1 レーダーチャートの例

　模試やスポーツテストなどのスコアレポートで見かける上の図のようなグラフを**レーダーチャート**といいます。どの科目の成績が優れていて、どの科目がそうでないかが視覚的にわかりやすいグラフです。また、描かれる図形の形によって全体のバランスの良さがわかるうえ、面積によって合計スコアの大小も直感的にわかる優れた見せ方です。

　でも、本当にそんなにいいことづくめなのでしょうか。

科目の並び順の影響

下の図は国語90点、数学15点、英語90点、理科25点、社会25点という5科目のテストの点数をレーダーチャートにしてみたものです。どちらも同じデータを使っていて、異なるのは科目の並び順だけです。

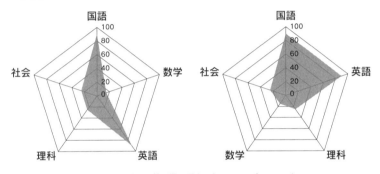

図11-2　科目の並び順が異なる2つのレーダーチャート

左側に比べると右側の方は、凹んでいるところがなくて、なんとなくバランスがよいように見えます。

面積についてはどうでしょうか。

5科目のレーダーチャートの面積は、グラフの中央（スコアが0となる点）を頂点とする5つの三角形に分割して、それぞれの面積の和を求めることで計算できます。2辺の長さa, bとその間の角度θから三角形の面積sを求める公式は

$$s = \frac{1}{2} ab \sin \theta$$

ですから、全体の面積Sは

$$S = \frac{1}{2}(ab + bc + cd + de + ea)\sin 72°$$

で求められます。$a \sim e$の値は各科目のスコアです。

　つまり、隣り合う科目どうしの積の和によって全体の面積が決まるわけです。このようにして計算すると、図11-2の右側の並びは、左側の並びに比べて、面積が1.7倍であることが確認できます。

　つまり、レーダーチャートでの表現は、項目の並び順によって見え方が違うので、それによって受ける印象も異なってしまうと言えます。使用するときには注意が必要ですね。

レーダーチャートと円順列

　ちなみに、項目がn個あったとき、それらをレーダーチャート上に並べる方法は何通りあるでしょうか。このような円周上にものを並べる方法のことを**円順列**といい、その並べ方の場合の数は$(n-1)!$通りで計算できます。

　3個の場合は2通り、4個の場合は6通り、5個の場合は24通りになります。

　ちなみに、項目が3個の場合には、レーダーチャートが描く図形の形は三角形になります。項目の並べ方は2通りありますが、一方は他方の三角形を裏返した状態になるので、結局面積に変化はありません。

　4個以上の場合は、並び順によって面積が異なる場合があるので、

第1章　身の回りの数と形の不思議

もっとも面積が大きくなる並べ方を見つけると、成績の良さをよりよくアピールできることになります。

　ちなみに、項目数が10個のとき、円順列の場合の数は3,628,800通りにもなるので、全部チェックするのは大変です。この手の問題は、組み合わせるものの数が増えると、あっという間に手に負えない大きな数になってしまうことから、**組み合わせ爆発**と言われたりします。

12
サイコロでお年玉の額を決めたら楽しい?

	2回目(y)					
	1	2	3	4	5	6
1回目(x) 1	1	1	1	1	1	1
2	2	4	8	16	32	64
3	3	9	27	81	243	729
4	4	16	64	256	1,024	4,096
5	5	24	125	625	3,125	15,625
6	6	36	216	1,296	7,776	46,656

表12-1　1回目の値をx、2回目の値をyとしたときのx^yの値

　お正月のお年玉。親の立場からすると、子どもにいくらあげるのがよいか悩ましいところです。いっそのことサイコロを振らせて、出た目によって金額を決めるというのはどうでしょう。賭け事っぽくて現実的ではないですが、思考実験は楽しそうです。

　さっそく、サイコロを振って出た目と、もらえる金額をどのように対応付けたらおもしろいか考えてみましょう。上の表はサイコロを2回振って、1回目の値をx、2回目の値をyとして、x^y円(xをy回掛けた値)だけもらえるとした場合を表しています。意外な分布になりますね。

サイコロで決めるお年玉の額

サイコロを振ってお年玉の額を決めるとした場合、なんといってももらえる金額がかかわってくるのですから、子どもたちも確率と**期待値**について真剣に学ぶことになるでしょう。

たとえば最初に考えられる最も簡単なルールとして、出た目が1なら1,000円、2なら2,000円、…、6なら6,000円といった具合に、出た目に1000を掛けた金額をもらえるとしたらどうでしょう。子どもたちは、いくらもらえると期待できるでしょうか。

期待値の計算は、（確率）×（値）の総和で求められます。この場合は、等しく$\frac{1}{6}$の確率で1,000円から6,000円をもらうことができるので、

$$\frac{1}{6} \times 1000 + \frac{1}{6} \times 2000 + \frac{1}{6} \times 3000 + \frac{1}{6} \times 4000 + \frac{1}{6} \times 5000 + \frac{1}{6} \times 6000 = 3500$$

という計算で、期待値は3,500円ということになります。

サイコロを2回振って、その和に対して1000を掛けた値とする場合はどうでしょうか。この場合は先ほどのサイコロ1個の場合を2回繰り返すことと等しいので、期待値は3500円×2＝7000円ということになります。

さて、せっかくサイコロを2回振るのでしたら、もうちょっと違う方法も考えてみましょう。

今度は、1回目の値をx、2回目の値をyとして、x^y円（xをy回掛

けた値）だけもらえるものとしてみましょう。

　たとえば、1回目に2が出て、2回目に3が出た場合は、2×2×2＝8円ということになります。ずいぶん小さな金額ですね。

　一方で、1回目と2回目の両方で6が出た場合はどうでしょう。この場合は、6×6×6×6×6×6＝46656円になります！

　1回目と2回目の値によって、いくらもらえるかをまとめた表12-1をもう一度見てみましょう。

　1回目に1～3が出てしまうと、最大でも729円ですから子どもにとっては絶望的でしょう。もし5か6が出れば、高額なお年玉獲得の期待が高まります。6が2回出たときの金額は46,656円で、5の後に6が出たときの金額は15,625円です。こういった高額なケースが目を引きますが、実は期待値は2,283円にとどまります。サイコロを2つ振っているにもかかわらず、サイコロ1つで（出た目）×1,000円をもらえる場合よりも低い金額です。

　ですから、お年玉をあげる立場としては、この「1回目に出た目の値を2回目に出た目の値だけ掛け合わせた金額にする」というルールを提案するのがよいと言えそうです。もしかしたら、46,656円をあげるはめになるかもしれませんが。

値の分散

　サイコロの目を単純に足し合わせる場合に比べると、この x の y 乗にするという方法は、大きな金額になるときと、そうでないときの差が

大きく、ずいぶんギャンブル性が高そうです。このギャンブル性の高い低いは、どのように表現できるでしょうか。その1つに、数値の平均ではなく、**分散**を見る方法があります。分散とは、次のような式で表される、値にどれくらいのバラツキがあるかを表す指標です[1]。

$$\sigma^2 = \frac{1}{n} \sum_{i=1}^{n} (x_i - \mu)^2$$

nはデータの数で、x_iは各データの値、μは平均です。これを言葉で説明すると、

(((各値の平均からの差)の二乗)の平均)

となります。言葉の関係がわかるように括弧を使ってみましたが、どうでしょう。言葉で説明しようと思いましたが、もしかしたら式を見た方がわかりやすいかもしれません。

サイコロの2つの目をxとyとするとき、その和に1000を掛けた値の分散を計算すると5.8×10^6です。一方で、x^yの値とするときの分散は64.6×10^6になります。後者の方が、はるかにバラツキが大きいことを、数値で確認することができます(ちなみに、サイコロを1つだけにして、その目に1000を掛けた値とするときの分散は2.9×10^6となります)。

さらに……
もうそろそろ、このネタはいいかな、と思うかもしれませんが、もっ

※1　分散の平方根をとったものが、偏差値を求めるときに使用される**標準偏差**です。

と考えるとまだ楽しめます。こうやって、1つのネタをこねくり回して、おもしろいことを探すのが楽しいのです。

たとえば、

「サイコロを1回振った時点で、もらえる金額をx^yではなくて、y^xに変更するチャンスを与えられる」

というルールを追加したらどうでしょう。

下の表は1回目のサイコロの目が確定したあとに、もらえる金額の計算方法をx^yからy^xに変更した場合、結果としていくら増減するかを表したものです。値がプラスであれば、計算方法を変えてよかったことを表し、値がマイナスであれば、計算方法を変えなければよかったことを表します。

		2回目(y)					
		1	2	3	4	5	6
1回目(x)	1	0	1	2	3	4	5
	2	-1	0	1	0	-7	-28
	3	-2	-1	0	-17	-118	-513
	4	-3	0	17	0	-399	2,800
	5	-4	7	118	399	0	7,849
	6	-5	28	513	2,800	7,849	0

表12-2　もらえる金額の計算方法を変更した場合の増減

表を見ると、1回目に1と6が出たときには計算方法を変更した方が得することが期待できて、そうでない場合は、そのままの方がよい、ということがわかります。実際に、そのようにすることで、もらえる金

額の期待値を933円上げることができます。

ちょっと複雑な話になってきてしまいましたが、お年玉の話となれば、子どもだって真剣に考えることになるでしょう。こうやって確率、平均、期待値、そして分散といったことを一緒に学んでみてはいかがでしょう。

コラム

$y^x - x^y$ の値

表12-2は、$y^x - x^y$ を計算した値を示しています。この値が正の値であるような x と y の組み合わせを知る、ということはつまり、$z = y^x - x^y$ というグラフを描いた時に、$z = 0$ の平面（つまり xy 平面）よりも上になるような x と y の範囲を知ることにほかなりません。実際に、$z = y^x - x^y$ のグラフを描いてみると、下の図のような、複雑な形をしていることがわかります。つまり、x^y と y^x のどちらが大きいかを選択する問題は、なかなか難しそうだということがわかります。

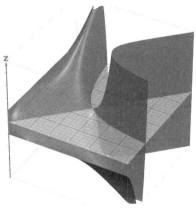

図12-1 $z = y^x - x^y$ のグラフ

13 三角形の集まりで作る形

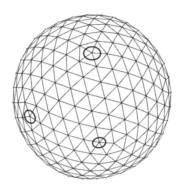

図13-1 三角形の集まりで球状にした多面体

　三角形を組み合わせることで、いろいろな立体を作り上げることができます。とくにコンピューターグラフィックス（CG）では、三角形の集まりで立体の形を表現することが一般的で、これを**三角形メッシュ表現**といいます。

　三角形は多角形のなかで最も単純なので、コンピュータで扱うのも簡単です。3つの頂点で平面が1つだけ定まるので、3次元空間内の3点を結ぶと必ず平坦な面を作れるという利点があります（たとえば4つの点を結んで作られる四角形は、必ずしも平面になるとは限りません）。細かい三角形の集まりで、さまざまな形を柔軟に表現できます。

さて、冒頭の図は三角形だけを使って球の形をつくっています。球の表面に、ほぼ同じ形の三角形を綺麗に敷き詰めているように見えますが、よく見ると、どこも均等というわけではなさそうです。

○で囲った頂点には三角形が5つ集まっていますが、それ以外の頂点は三角形が6つ集まっています。すべての頂点が6つの三角形で共有されるような、均等な敷き詰め方はないのでしょうか。

多面体の価数

多面体は頂点、辺、面から構成されます。1つの頂点に接続している辺の数のことを**価数**といいます。下の図の左側の頂点は価数が5で、右側の頂点は価数が6です。頂点を共有する三角形の数は価数に一致します。

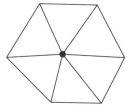

図13-2 価数が5と6の頂点

価数という言葉を使うと、先ほどの疑問は次のように言い換えることができます。

「球を三角形メッシュで表現するとき、すべての頂点の価数が6であ

るようにできるか」

　この疑問に答えるのに使える、多面体に関する有名な定理があります。

オイラーの多面体定理

　多面体の頂点、辺、面の数を調べてみると、次の関係が成り立つことが知られています。

$$（頂点の数）-（辺の数）+（面の数）=2$$

　これを、**オイラーの多面体定理**といいます。三角形だけで構成される多面体に限らず、四角形や五角形が含まれていても構いません。

　正多面体の頂点、辺、面の数を下の表にまとめたので、1つ1つ確認してみましょう。正多面体は、正四面体、正六面体、正八面体、正十二面体、そして正二十面体の5種類に限られ、いずれも、先ほどの式が成り立つことがわかります。

	正四面体	正六面体	正八面体	正十二面体	正二十面体
頂点の数	4	8	6	20	12
辺の数	6	12	12	30	30
面の数	4	6	8	12	20

表13-1　正多面体の頂点、辺、面の数

オイラーの多面体定理が成り立つのは正多面体ばかりではありません。下の図のような立体でも成り立ちます。面、辺、頂点の数を先ほどの式に入れて確認してみましょう。左のウサギの形では、102（頂点数）- 300（辺の数）+ 200（面の数）= 2になります。右のタマゴの形でも、386（頂点数）- 768（辺の数）+ 384（面の数）= 2になります。不思議ですね。

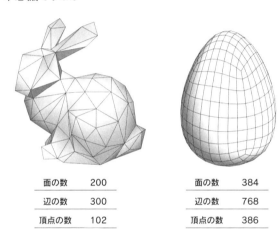

面の数	200
辺の数	300
頂点の数	102

面の数	384
辺の数	768
頂点の数	386

図13-3　これらの立体でもオイラーの多面体定理が成り立つ

ただし、オイラーの多面体定理が成り立つのは、穴が開いていないものに限るので注意が必要です。ドーナツや浮き輪のように穴が1つある形の場合は右辺が0になります。2人乗りの浮き輪のように穴が2つある形の場合は、右辺が−2になります。こういった穴の数も考慮すると、オイラーの多面体定理の式は次のように書き改められます。

（頂点の数）−（辺の数）+（面の数）= 2×（1−穴の数）

球形の多面体

それでは、あらためて冒頭の疑問

「球を三角形メッシュで表現するとき、すべての頂点の価数が6であるようにできるか」を考えてみましょう。

仮に「できる」としましょう。

そうすると、立体を構成する三角形の数が n であるとき、頂点の数は $\frac{1}{2}n$ になります（すべて三角形なので、面の数 n を3倍して、そのあとに6つの三角形で1つの頂点が共有されているので6で割ります）。また、辺の数は $\frac{3}{2}n$ になります（すべて三角形なので、面の数 n を3倍して、そのあとに2つの三角形で1つの辺が共有されているので2で割ります）。

$$（頂点の数）-（辺の数）+（面の数）$$

の式にこれらの値を入れると

$$\frac{1}{2}n - \frac{3}{2}n + n = 0$$

です。

三角形の数がいくつであっても、（頂点の数）−（辺の数）+（面の数）の値が0になってしまうので、オイラーの多面体定理に反することになります（この値は2にならないとダメです）。

したがって、そもそも「できる」と仮定したことが誤りなので、結論は「すべての頂点の価数を6であるようにはできない」ということになります。

こういったわけで、球の表面を綺麗に三角形分割しようとしても、どうしても均等にはできないのです。

三角形の集まりで作られたドーム状の構造物を見かけたときには、頂点の価数に注意して観察してみましょう。

ところで、次のような類題も作れます。
「球を四角形の集まりで表現するとき、すべての頂点の価数が4であるようにできるか」

下の図の球は四角形の集まりでできていますが、○で囲んだところは3価となっています。ほかの箇所と同じように、4価の頂点だけにしたいのですが、可能でしょうか。

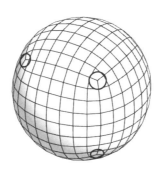

図13-4 四角形の集まりで作られた球

ここまで読んできたら、もう答えの求め方がわかりますね。先ほどと同じように「できる」と仮定して考えていきましょう。

四角形の数が全部でnであるとき、頂点の数はnになります（すべて四角形なので、面の数nを4倍して、そのあとに4つの四角形で1つの頂点が共有されているので4で割ります）。また、辺の数は$2n$になります（すべて四角形なので、面の数nを4倍して、そのあとに2つの四角形で1つの辺が共有されているので2で割ります）。

$$（頂点の数）-（辺の数）+（面の数）$$

の式にこれらの値を入れると

$$n-2n+n=0$$

となります。

四角形の数がいくつであっても、（頂点の数）-（辺の数）+（面の数）の値が0になってしまうので、「できる」と仮定したことが間違いだったわけです。結論は「すべての頂点の価数を4であるようにはできない」ということになります。

日本科学未来館のジオコスモスと呼ばれる大きな球体の展示物には、四角形のパネルが敷き詰められています。これが一体どのように敷き詰められているのか、よーく観察してみると、やはり例外的に3つの四角形が1点に集まっている箇所が見つかります。球面上にパネルを均一に敷き詰めることは、どうしたって無理なのです。

ドーナツの形だったら？

ドーナツのように穴が1つある形の場合は

(頂点の数) − (辺の数) + (面の数) = 0

という式が成り立つのでした。

これは先ほど、すべての面が三角形で、すべての頂点が6価であると仮定したときに成り立っていました。さらに、すべての面が四角形で、すべての頂点が4価であると仮定したときにも成り立っていました。

実際、下の図の多面体はこの条件を満たしています。左側は、三角形だけで作られていて、すべての頂点が6価になっています。右側は四角形だけで作られていて、すべての頂点が4価になっています。

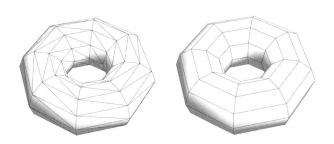

図13-5　ドーナツの形をした多面体

このような事実から、立体の表面をどのように多角形で分割できるかを調べることによって、その立体は球の形なのか、それともドーナツの形なのかを判別することができます。これはつまり、立体を外か

ら眺める必要はなくて、その表面をアリのように動き回ることができれば、立体の形を知ることができるというわけです。

14
けん玉チャレンジの成功率

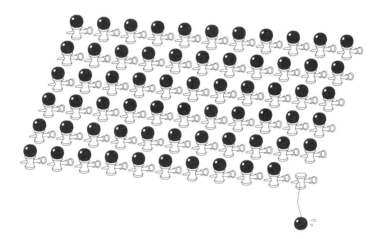

　年末恒例のNHK紅白歌合戦。最近では、番組中にけん玉のギネス記録への挑戦が行われています。これは、けん玉の技である大皿（けん玉にある2つの皿の大きな方に球を乗せるという最も基本的な技）を1人ずつ順番に挑戦し、連続で成功した人数を記録とするものです。執筆時現在の記録は127人です。

　さて、2023年末の紅白歌合戦では128人という新記録に挑戦したものの、残念ながら記録達成はなりませんでした。参加者はそれなりにけん玉の技術に長けた方ばかりと思われますので、多くの注目が集まることによるプレッシャーの大きさを物語っているように感じます。

確率の話

参加者1人が大皿を成功させる確率を仮に99%としたとき、128人全員が成功させることができる確率はどのくらいになるでしょうか。これは単純に0.99を128回掛け合わせることで求めることができるので、実際に計算してみましょう。

$$0.99^{128}=0.276\cdots$$

この計算結果から、128人全員が成功する確率は28%に満たないことがわかります。

あのプレッシャーのなかで、すべての人が99%の確率で成功させるとしても、記録を更新できる確率は28%未満になってしまいます。これは、かなり難しいチャレンジであることがわかります。

それでは逆に、50%の確率で記録更新できることを期待するには、個々の参加者にはどの程度の成功率が求められるでしょうか。イベントとしては、やはり5割以上の確率で記録更新を期待したいところです。

これは、個々の参加者の成功率をxとした次の式を解くことで求められます。

$$x^{128}=0.5$$

これは両辺ともにlogをとって次のように計算できます(この計算ではlogの底が何であっても構いません)。

$$\log x^{128} = \log \frac{1}{2}$$

$$128 \log x = \log \frac{1}{2}$$

$$\log x = \frac{1}{128} \log \frac{1}{2}$$

$$\log x = \log \left(\frac{1}{2}\right)^{\frac{1}{128}}$$

$$x = \left(\frac{1}{2}\right)^{\frac{1}{128}} = 2^{-\frac{1}{128}} = 0.99459\cdots$$

このことから、それぞれの参加者には99.5%程度の成功率が求められることがわかりました（高校で学習する対数は、こうして現実的な問題を考えるのにも役立ちます）。

それにしても、なかなか厳しい現実が見えてきました。

それでは、128人が挑戦するなかで、1回のミスは許されるとしたらどうでしょう。ミスしてしまった人は、もう1回チャレンジできるとします。ただし、このようなことが許されるのは全体で1回だけです。

この方式での成功率を計算する式は次のようになります。

$$0.99^{128} + 128 \times 0.01 \times 0.99^{128}$$

最初の0.99^{128}は全員が成功する確率です。後半部分は、ある人が失敗してから成功する確率 0.01×0.99と、それ以外の127人が

成功をする確率の0.99^{127}を掛け合わせています。また、「ある人」というのは128通りあるので、128を掛けています。

これを計算してみると約63%になりました。1回のミスを許すのであれば、それぞれの成功率が99%あれば6割以上の確率で成功しそうです。

さらに今度は、参加者それぞれが99.9%という非常に高い確率で大皿を成功させるとしましょう。この場合、50%の確率で成功すると見込まれる、けん玉チャレンジの記録は何人になるでしょうか。

これは、次の式を満たすnを求めることになります。

$$0.999^n = 0.5$$

これも指数と対数の問題です。今回も両辺の$\log$をとって

$$\log 0.999^n = \log \frac{1}{2}$$

$$n \log 0.999 = \log \frac{1}{2}$$

$$n = \frac{\log \frac{1}{2}}{\log 0.999} = 692.8 \cdots$$

もし参加者が99.9%の確率で大皿を成功させることができるのであれば(1000回に1回しかミスが許されません!)、50%の確率で692人という大記録を出せるという計算になります。

もちろん、冒頭に書いたように、参加者にはきわめて大きなプレッシャーがかかるでしょうから、こんなに簡単に計算できるものではないと思います。計算はあくまで計算。現実世界は、そんなに単純ではありませんから。ちなみに、私のように10回に1回くらい失敗してしまう場合、128回連続で成功する確率は

$$0.9^{128}=0.00000139\cdots$$

ほぼ絶望的と言えそうです。

15 1Lの牛乳パックの寸法を推測してみる

図15-1　1L入りの牛乳パック

　唐突ですがクイズです。スーパーで一般的に売られている1Lの牛乳パックの横幅は何cmでしょう。

　実際に計ったことがないと、とっさに答えられないと思いますが、容量が1000mLということをヒントに、おおよその寸法を推測してみましょう。

　私は次のような方法で、ピッタリ正解することができました。

牛乳パックのサイズの推測

　冒頭の図の牛乳パックの形をじっと見つめて、横幅の寸法を推測してみましょう。牛乳パック上部の屋根のようになっているところまで牛乳が満たされていることはないでしょうから、上部の屋根を無視した四角柱の部分の体積が1000mL、つまり1000cm³であると考えられます。つまり単位をcmとして、牛乳パックの横幅、奥行き、高さに対して

$$（横幅）×（奥行）×（高さ）＝1000$$

が成り立つだろうというわけです。

　続いて、厳密には違うかもしれませんが底面は正方形としましょう。つまり、

$$（横幅）＝（奥行）$$

と仮定します。そして正面から見たときの様子から、高さは横幅の2倍〜3倍の間のようですから、ざっと2.5倍くらいと見積もってみましょう。

　以上の仮定から、横幅をxで表すと、奥行きをx、高さを$2.5x$で表せるので、体積は

$$x×x×2.5x＝2.5x^3$$

と表すことができます。
この値が1000と等しいとすれば

$$2.5x^3 = 1000$$
$$x^3 = 400$$
$$x = \sqrt[3]{400}$$

となります。

さすがにこの x の値は電卓を使わないと正確に計算できませんが、この値も推測しましょう。

$$400 = 2 \times 2 \times 2 \times 2 \times 5 \times 5$$

なので、

$$x = \sqrt[3]{400} = 2\sqrt[3]{50}$$

あと少しです。

最後に $\sqrt[3]{50}$（50の3乗根）の値を、電卓を使わずに推測します。

$$3^3 = 27, \quad \left(\sqrt[3]{50}\right)^3 = 50, \quad 4^3 = 64$$

ですから、$\sqrt[3]{50}$ は、3と4の間だということがわかります。ここでは、おおよそ3.5と見積もりましょう。

以上から x の値はおよそ7であると見積もれます。

このような感じで、私は牛乳パックの横幅はだいたい7cmだろうと推測しました。

さて、実際の値は……。

牛乳パックの横幅を測ってみたら、ピッタリ7.0cmでした（自分でもびっくりしました）。

このような感じで、おおざっぱな推測でも、正しい値を導き出すことができました。いろいろなものの寸法を推測すると、カンが鋭くなるので楽しいですよ。身の回りのものの大きさがどれくらいか、推測してみましょう。

ちなみに、1Lの牛乳パックの実際の寸法は、横幅と奥行が7.0cmで、縦の長さは19.5cmだそうです。

この寸法で体積を計算すると、7×7×19.5=955.5mLとなって1000mLに足りません。じつはこれ、牛乳が入ることによって中央付近が少し膨らむことによる影響を考慮して、このような寸法になっているそうです。表面積が変わらなくても、形によって体積が変わるのです[1]。

牛乳パックも、なかなか奥が深いようですね。

牛乳パックの展開図

ところで、牛乳パックの注ぎ口のところは、屋根のような形をしています。図15-2の展開図を見ると、この形は四角柱の側面の一部を三角形の形に折って作られていることがわかります。

---

[1] 「32 レターパックにできるだけたくさん入れるには？」のトピックでも、表面積が変わらなくても、形によって体積が異なることの話をします。お楽しみに。

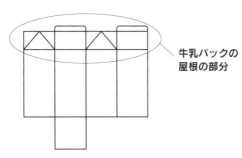

図15-2　牛乳パックの展開図

　切り込みを一切入れていないので、四角柱の上の部分で折紙をしているように見えますね。

　この屋根の部分を、もう少しおしゃれな形にできないだろうかと思って作った私の折紙作品を紹介しましょう。それが下の図に示すもので、「牛乳パックの上のチューリップ」と名付けました。次ページの図15-4は、その展開図です（実際に作る場合には、左右のどちらかにのりしろを追加して、筒状の形を作れるようにする必要があります）。

　全然実用的ではありませんが、四角柱の一部を使ってかわいい形を作り出すことができました。

図15-3　牛乳パックの上のチューリップ

第1章 身の回りの数と形の不思議

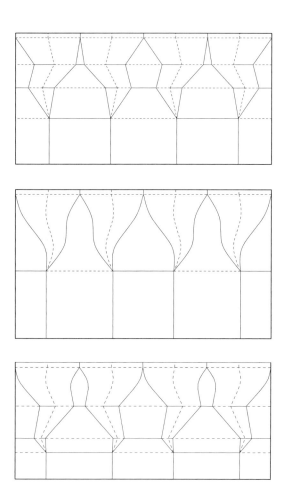

図15-4　図15-3の作品の展開図

16
2列と3列に分かれている新幹線の座席

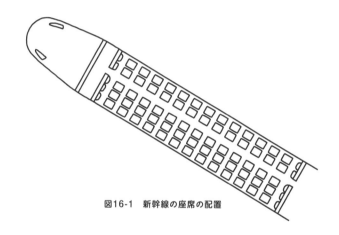

図16-1　新幹線の座席の配置

　新幹線の座席は通路を挟んで一方が2人席、その反対側が3人席になっています。左右対称ではないのですが、実はこのような割り当てになっているとグループで乗るときにその人数に拠らずに上手に座れます。

　たとえば4人の場合は2人席を2つ、5人の場合は2人席と3人席を1つずつ利用すると、誰か1人だけポツンと座ることにならずに、ピッタリ座れます。6人の場合は3人席を2つ。7人の場合は2人席2つと3人席を1つ。このようにすることで、やっぱり余りを出すことなく座れます。

ぴったり座れるわけ

　新幹線の座席には、2以上のどのような人数であっても、先ほどの例のように余りなくピッタリ座れます。勘のよい方は、それはそうだろう。と思うでしょうが、すぐに納得のいかない人もいることでしょう。

　では、2人以上の場合に対して、このことを証明してみます。

　はじめに、座る人数が偶数のときと奇数のときに分ける方法で証明してみます。

（証明1）

　座る人数をnとします（nは2以上の整数です）。

　nが偶数のとき、2人席だけを使ってあまりなく座ることができます。

　nが奇数のとき、まず3人席を使って3人を座らせます。そうすると残りは$n-3$人です。$n-3$は偶数なので、2人席だけを使ってあまりなく座らせることができます。

証明終

　こんどは、**数学的帰納法**を使って証明してみましょう。

（証明2）

　(1)nが2のときは、2人席に座れます。

　(2)$n＝k$のときに、余りなく座っていると仮定すると、2人席に座っている2人がいる場合、その2人を3人席に移動させて、空いて

いる席に1人を追加することで$n=k+1$のときにもあまりなく座らせることができます。もしも2人席に座っている人がいなかった場合は、3人席に座っている3人に1人を追加して、2つの2人席に座らせればよいです。

(1)(2)から$n>=2$のすべてのnについて成り立つことが示せました。

証明終

なにやら難しく書いてしまいましたが、証明の仕方を練習するにはほどよい問題です。証明の方法は1通りではない、ということを知っていることも大事です。

でも現実的に考えると、先ほどの方法では2人席ばかり使うことになって3人席はガラガラという状態になってしまいます。3人席も同じくらい使用するようにしたい場合はどうでしょう。この場合は、次のような方法で座るとよいです。

(2人席と3人席をほどよく使って座る方法)

座る人数を5で割った余りをxとする。

下の図のように、車両の最前列、2人席の端から順番に座っていく。

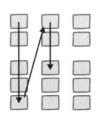

図16-2　座る順番

x が 0 のとき、余る人が出ずにピッタリ座れる。

x が 2 のとき、余りの 2 人を 2 人席に座らせる

x が 3 のとき、余りの 3 人を 3 人席に座らせる。

x が 4 のとき、余りの 4 人を 2 つの 2 人席に座らせる。

x が 1 のときは、最後に 2 人席に座った人を 3 人席に移動して、空いた席に余った 1 人を座らせる。

このような方法で、できるだけ前の方から詰めて、なおかつ余りを出さずに座らせることができます。

先ほどの手順はコンピュータに指示を与えるプログラムコードのような感じです。このように手順を定めたものを**アルゴリズム**といいます。日常の生活でも、アルゴリズム的な考え方をすると、いろいろなことを効率化できたりします。

| コ | ラ | ム |

3人席のどこに座る?

3人席のどこかに座るとした場合、みなさんはどこに座りたいですか? 景色が見える窓際が人気がありそうです。もしくは、トイレに行くときに他の人の迷惑にならない通路側を好む人もいそうですね。でも、そんなことを見越してか、3人席では中央の席が(わずか数cmですが)一番広くてゆったり座れるようになっています。景色を取るか、離席しやすさをとるか、それとも、ゆったりした席をとるか、悩ましい問題です。

第2章 触って作って感じる数学

工作には数学的な要素がたくさん含まれています。
つみきを並べたり、紙やダンボールなどの身近な素材を
折ったり切ったりして、組み合わせてみましょう。
美しい数学世界を、手のひらで感じられるはずです。

17
積み木の片づけを楽しむ

図17-1　異なる方法で片付けた積み木

　積み木で遊んだあと、その片付けは面倒ですが、いろいろな詰め方を試してみるとおもしろい発見があります。いつものように積み木の縦と横を箱の縁に揃えるのではなくて、上の図の右側のように斜めに詰め込むのでも、意外と綺麗に収まってしまうことがあります。

積み木の楽しさ

　幼児用おもちゃの定番といえば積み木ですね。いろいろな形をしたブロックを積み上げて、城や家、橋などを作って楽しく遊べます。それと同時に、立方体や直方体、円柱や三角柱など幾何学的な立体図形の特徴を学ぶことができます。具体的な形を作るのではなくても、積み上げる高さを競うとか、綺麗に並べるだけでも楽しいものです。積み上げたものを崩すのもまた楽しい遊びです。積み木が世界中で愛されるおもちゃであるのも納得できます。

　でも、積み木の楽しさは片付けにもある、と言ったら驚かれるでしょうか。片付けが面倒で出しっぱなしにしてしまい、叱られてから嫌々片付ける、というのはよくある光景でしょう。

　でも冒頭の図のように綺麗に収めれば、そこには幾何学的なタイリングのパターンが現れます。たいていの積み木は形が直方体や円柱などで、直方体の場合は各辺の長さが1:2:4などのわかりやすい比率になっています。どうやったら木箱（または紙の箱）に綺麗に収まるかを考えるのも一興です。

　たいていの場合、立方体や直方体は箱の縁に平行になるように、または直角になるように並べるのですが、我が家にある積み木は、冒頭の図の右側のように、一部を45度傾けた状態でも見事に収めることができました。意外な発見です。どうしてこんなことができたのでしょう。

図形の寸法

冒頭の図の左側の状態では木箱に立方体を6つ横に並べて収めることができました。立方体の1辺の長さを1とすると、木箱の幅は6だと言うことができます。

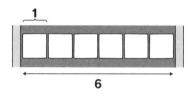

図17-2　立方体を6つ並べた様子

冒頭の図の右側のように、幅が2分の1の直方体と、45度傾けた立方体を4つ並べたときの寸法はどうなるでしょうか。1辺の長さが1の正方形の対角線の長さは$\sqrt{2}(\fallingdotseq 1.414)$ですから、下の図のような並べ方の横幅はトータルで$0.5+\sqrt{2}\times 4 \fallingdotseq 6.157$になります。

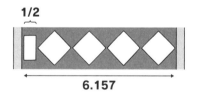

図17-3　立方体を傾けて並べた様子

図17-2の場合よりも横幅が少し大きいですね。それでも問題なく収まってしまったのは、木箱の寸法に若干の余裕があるためです。もしもピッタリの寸法だったら取り出すのも入れるのも大変です。スムーズに出し入れするためのゆとりによって、このような変則的な（でも綺麗な）入れ方が可能になったわけです。

傾けたときの横幅6.157は、元の横幅6.0に対して約2.6%増となっています。傾けた状態でもまだ少し隙間があるので、もともと数%のゆとりが設けられていたというわけです。

図形の最密充填

今度は冒頭の図の右側の、円柱の収め方に注目してみましょう。円を上手に敷き詰めているように見えます。円を規則的に並べる場合、次の2通りの方法がすぐに思いつきます。

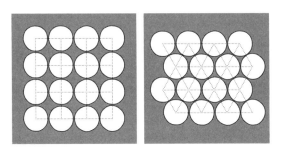

図17-4　円を敷き詰める方法

図17-4の左側は、円の中心が正方形の格子状になるように並べる方法です。右側は円の中心が正三角形のタイル張りを作るように並べたもので、隙間を小さくできます。

もしも際限なく広い範囲に円を並べるのであれば、図17-4の右側の方法が最も効率がよくて、左側の並べ方よりも15.6%ほど多く敷き詰められることが知られています。敷き詰める平面の面積に対して、円が占める面積の割合のことを**充填率**と言い、左側は78.5%、右側は90.75%です。反対に隙間の割合を考えると、左側は21.5%、右側は9.25%です。右側の方がずいぶんと効率がよいことがわかります。

これは、敷き詰めるものが円という極めてシンプルな形であって、敷き詰める場所が十分に広い場合の話です。図形の形が複雑だったり、複数の異なる図形があったり、敷き詰める範囲の形が不規則だったりすると、「どうやったら隙間を最小にする詰め込み方ができるか」という問題（**最密充填問題**といいます）は、急に難しくなります。

積み木の効率的な片付け方法を考えることは、このような難しい問題を考えることにつながっているのです。

今回は平面図形の話をしました。立体図形を空間に詰め込む問題は、原子の並びや結晶の構造を考えるうえで重要ですが、科学分野だけではなく、日常生活においても大切です。「この商品、詰め放題で1,000円です」という場面では、できるだけ密に詰めたいですからね[1]。

---

[1] 筆者の娘は小学校の自由研究で「野菜のつめほうだいについて」をテーマにしました。

コラム

球の最密充填

同じ大きさの球を3次元空間に最も効率的に詰め込むには、みなさんもおなじみの月見団子の積み重ね方を採用するのが正解です。これは図17-4の右のようにして1段目を並べて、3つの接する球が作る凹んだところに2段目の球を配置していく方法です。さまざまな結晶構造にもみられて、**六方最密充填**と呼ばれます[※2]。

このような球の配置は昔から最も効率的であると考えられてきましたが、それが正しいと証明されたのは、意外にも1998年という最近のことです[※3]。

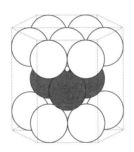

図17-5 六方最密充填の球の配置

[※2] 同じ密度となる**面心立方充填**と呼ばれる球の詰め方もあります。
[※3] 1998年にトーマス・C・ヘイルズがラースロー・フェイェシュ=トートが提案した手法によって証明しました。

18
綿棒が作る不思議な曲面 一葉双曲面

図18-1　透明な容器の中に見える傾いた綿棒

綿棒は円筒状の透明な容器に入った状態で販売されていることが多いですね。綿棒を1本ずつ取り出していくと、上の図のような綺麗な形が現れることがあります。みなさんは見たことがありますか？ この形には**一葉双曲面**という名前がついています。

直線がつくる曲面

曲面という言葉からは、球の表面、もしくは車のボディなど、そういった滑らかでカドがない形が想像されます。そのため、直線で構成される曲面があると言ったら不思議な気がするかもしれません。

線織面と呼ばれる曲面は、直線が空間を移動した軌跡によって作られる曲面で、まさに直線で構成される曲面と言うことができます。みなさんが馴染みのある円錐や円柱の側面も線織面の一種です。下の図のように、直線の集まりで形を表現できます。

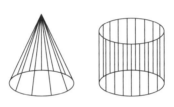

図18-2　線織面（円錐と円柱）

数学の分野では、円錐と円柱をもう少し一般化して、1点を通る直線から構成されるものを**錐面**、平行な直線から構成されるものを**柱面**と呼びます。

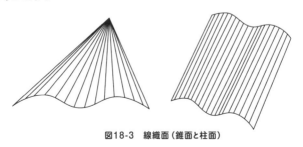

図18-3　線織面（錐面と柱面）

線織面には他にもいろいろあります。下の図は**双曲放物面**と呼ばれるもので、確かに直線の集まりでできています。

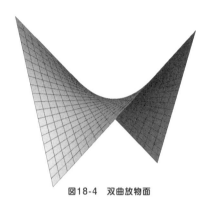

図18-4　双曲放物面

この曲面には、さらに興味深い性質があります。水平面で切ってみると、その断面には下の図左のように**双曲線**が現れます。また、垂直な面で切ってみると、その断面には**放物線**が現れます。双曲放物面という名前がつけられた理由がよくわかります。

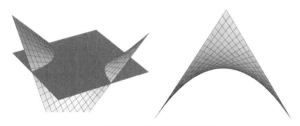

図18-5　双曲放物面の切り口

このような直線によって作り出される曲面は、建築と相性がよいです。まっすぐな部材を組み合わせるだけで曲面が作れるわけですから。

下の写真は、つくば市の松見公園の近くにある建造物で、屋根の形が双曲放物面になっています。

図18-6 双曲放物面の形をした建造物

綿棒と一葉双曲面

ところで、みなさんの家庭にも綿棒があると思います。綿棒は円筒の容器に入った状態で販売されていることが多く、容器から1本ずつ取り出して使っていくと、残りが少なくなったときに、冒頭の図のような綺麗な状態が現れることがあります。

ちなみに、容器がからっぽな状態から手作業でこの状態を作るのは難しいけど、いっぱい入った状態から抜いていくと自然と現れます。不思議ですね。

この傾いた綿棒が作る形は一葉双曲面と呼ばれる曲面の特徴を持ち合わせています。次ページの図18-7のように、上下に平行に配置した2つの円の周上を、同じ速度で移動する2点を結ぶようにして直

線を配置していきます。このときに、上下で開始位置を少しだけずらすのがポイントです。こうすると、一葉双曲面の形が現れます。この一葉双曲面は、水平な平面での切り口は円になって、垂直な平面での切り口は双曲線になるという特徴があります[1]。

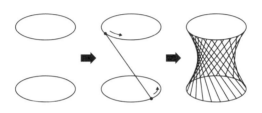

図18-7　一葉双曲面の作成

上の図は、円筒の容器の中で少しずつ傾いた綿棒が作り出す形と同じ構造をしています。日常のアイテムから、こんな風に幾何学の世界に触れることができるのは楽しいことです。

ところで、このような綿棒の一葉双曲面を観察できる確率はどれくらいでしょう。およそ20〜40本のときに形が現れるとした場合、200本入りの商品を購入しているなら約10%の確率で一葉双曲面が現れる本数が残っていることになります。さらに、このくらいの本数になるまで形を崩さないように取り出せる確率は五分五分といった感じでしょうか。そうすると、円筒形の容器に綿棒を入れている家庭のおよそ5%くらいで一葉双曲面を観察できるはずです（このように、実際

---

[1] 一葉双曲面の構造がみごとな建築には、神戸のポートタワーや金沢駅の鼓門などがあります。

の調査が難しいことにたいして、合理的と思える仮定を用いておおよその値で推定することを**フェルミ推定**[※2]といいます)。もし円筒形の容器に入った綿棒を持っているなら、現在はどのような形になっているか、ぜひ確認してみてください。

ところで、この回転の向きはどうやって決まるのでしょうね。私が観察したときは、上から眺めたときに反時計回りに傾いていました(帰省したときに確認した実家の綿棒も、反時計回りに傾いていました)。時計回りになるときもあるのでしょうか? 利き手の左右に拠る違いでしょうか。

綿棒工作

綿棒が作る一葉双曲面はとてもおもしろいので、ボンドで固めて取り出してみました。

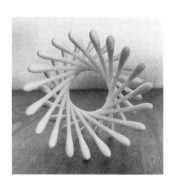

図18-8 ボンドで固めて取り出した様子

※2 その種の計算が得意だった物理学者エンリコ・フェルミの名前が由来となっています。

綿棒を工作の材料にすると、簡単に幾何学図形を作れます。同じ長さの棒材が手軽に揃う上に、先端同士を糊付けしやすいので、工作にもってこいです。下の写真のように、30本の綿棒で**正二十面体**を作ることもできます。

図18-9　綿棒での工作

一葉双曲面の形は、綿棒でなくても作れます。細い棒状のものであればよいので、やはりどの家庭にもあるつまようじが使えます。

下の写真は、支えの部分を3Dプリンタで出力して、つまようじで曲面を作り出してみました。たまに日常のアイテムで工作するのは、よい気分転換になります。

図18-10　3Dプリンタとつまようじで作った曲面

もう一歩先へ

　綿棒が一葉双曲面を作るとき、容器のなかでは綿棒が互いに支え合っているように見えます。そうだとすると最終的な形は綿棒の長さ、太さ、本数、容器の直径といった値で決まりそうです。このような、最終的な形を決定する数値のことを**パラメータ**といいます。パラメータをいろいろ変えることで、得られる形の様子をCGで再現できます。

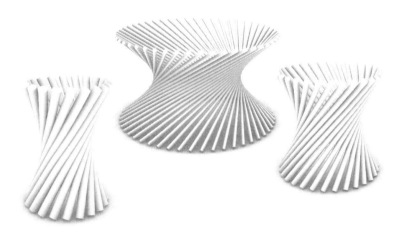

図18-11　CGで再現したいろいろな一葉双曲面

　綿棒の観察を通して、曲面や曲線の幾何学にまつわるたくさんのことを学ぶことができます。

> **コラム**
>
> ## 球と円柱の交差が作る曲線
>
> 下の図は、1本の綿棒が先端を容器に接触させながら徐々に倒れていくときに、その先端がどのような軌跡を描くかシミュレートしたものです。
>
>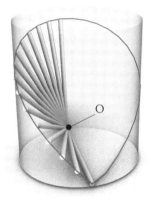
>
> **図18-12　綿棒が容器の中で倒れるときに先端が描く曲線**
>
> 綿棒の端の一方を固定して、この場所を点Oとしましょう。すると反対側の端は点Oを中心、綿棒の長さを半径とする球面上を移動します。しかし、綿棒の端は円筒の容器に接しているものとします。そのため、図に描かれている曲線は、球と円柱が交わる場所であることがわかります。図のように容器の直径と綿棒の長さが一致する場合、この曲線には**ヴィヴィアーニ曲線**という名前がついています[1]。

※1　イタリアの数学者、ヴィンチェンツォ・ヴィヴィアーニにちなんでつけられた名前です。

19 プラレールのレールが30本あれば200年以上遊べる

図19-1　プラレールのレイアウトの例

　プラレールは、直線レール、曲線レール、分岐などを組み合わせて、さまざまなレイアウトを作ることのできる列車のおもちゃです。本書執筆時現在、プラレールは発売から65周年を迎えたところです[※2]。長い歴史のあるおもちゃですから、世代を超えて多くの方が遊んだ記憶を持っているのではないでしょうか。

　持っているレールの数が限られる場合でも、並べ方を変えれば、いろいろな形のレイアウトを作り出すことができます。

※2　筆者はなんと、プラレール65周年公式アンバサダーを務めました。

第2章　触って作って感じる数学

鉄道模型のおもちゃ

　プラレールで遊んだことがある方は、今あるレールを使って、どのようなレイアウトができるか全種類見てみたい！ と思ったことはありませんか?

　レールの数が限られていても、並べる順番によってできあがるレイアウトの形は異なったものになります。

　たとえば、直線、右カーブ、左カーブの3種類のレールしかなかったとしても、2つのレールの組み合わせは3×3=9通り、3つで3×3×3=27通り、10個では3^{10}=59,049通りという、膨大な組み合わせ方が存在します。

　そのなかから、ぐるっと一周して戻ってくるものだけ数え上げることを考えてみましょう。

　「条件にあう、すべての組み合わせのパターンを**列挙**する」というような手間のかかることは、コンピュータに任せてしまうのが一番です。

　さっそく、次のような条件で作れるレイアウトを調べてみることにしましょう。

- 直線レールと曲線レール(円の8分の1)を組み合わせて、ぐるっと一周して戻ってくる閉じたレイアウトを作る。
- 途中に交差があっても構わないものとする。
- 全体を回転させたり、ひっくり返したり、まわる向きを逆にして一致するものは同一のものとする。

こんな風に、最初にいろいろと条件を並べるのは面倒な気がしますが、パターンを列挙するときには必要なことです。

それでは以下に、コンピュータで列挙した結果を、使用するレールの数が少ない順に紹介します。ちなみに、閉じたコースをつくるために必要なレールの数は8以上の偶数に限ります（証明は省略しますが、最低でも8つ以上必要というのは直感的にもわかりますね）。

限られた本数のレールで作れるレイアウトの数

[8本]

最も少ない数のレールでできるレイアウトは、右図に示すように8本の曲線レールで作られる円です。これより少ないレールでは閉じたコースを作れないことは容易にわかるでしょう。

[10本]

次に少ない数のレールでできるレイアウトは、8本の曲線レールに2本の直線レールを組み合わせた右図のもので、やはりただ1通りしかありません。

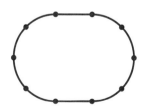

[12本]

その次は12本です。下の図に示すように、曲線レールだけのもの（左端）1通りと、4本の直線レールを含むもの3通りを合わせた計4通りがあります。

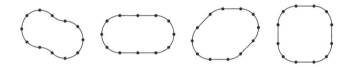

[14本]

14本の場合は、下の図に示す9通りが作れます。下段の左から2番目のハート型をしたレイアウトは、なかなか思いつかないちょっと珍しい形ですが、プラレール好きの間では有名です。

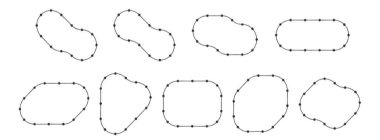

[16本]

16本の場合は、下の図の42通りです。矢印で示したところには8本のレールでできる円が含まれていますが、これは円を2周するレイアウトを意味します。実際には列車が走るようにはできませんね。

さて、これ以上は全部の形を図で示すのが難しいので、数字だけ紹介します[1]。

レールの数	作成できるレイアウト数
18	161
20	847
22	4,739
24	29,983
26	198,683
28	1,375.928
30	9,786,630

表19-1　レールの数と作成できるレイアウトの数

本数が増えると作成できるレイアウト数が急激に増えることがわかります。「11 凸多角形とレーダーチャート」で紹介したように、ここでも組み合わせ爆発が観察できますね。

レール30本くらいであれば、普通に持っていてもおかしくない数ですが、表から978万通りあることがわかるので、毎日100パターンずつ違うコースを作って遊んだとしても268年かかる計算になります。気が遠くなりそうです。ただし注意が必要です。今回は30本のレールに対して、曲線と直線の内訳が固定されていない状態で数え上げました。直線が10本、曲線が20本のレイアウトもあれば、曲線だけ30本使用するレイアウトも含まれています。レールの種類の内訳が固定されている場合は、ずっと少なくなります。

---

[1]　著者が個人的に作ったプログラムでの結果なので、ここで紹介している数字には、もしかしたら誤りが含まれるかもしれません。

プラレールで幾何学図形を描く

　プラレールは列車を走らせて楽しむものですが、直線レールを線分、曲線レールを円弧の一部と見なすと、レールをつなげてできるレイアウトは、線分と円弧だけで描ける幾何学図形と見なすことができます。では、実際にどのような図形が描けるでしょうか。これもまた、コンピュータを使って確認するのが簡単です。

　下の図は、2本のレールの組み合わせだけで描くことができる図形を重ね合わせたものです（一番下のスタート地点から上向きに進むことを前提としています）。直進、左カーブ、右カーブの3通りがあるので最初に3方向へ分岐し、そのあとでまた3つに分岐します。その結果、全部で9つの終点へ分岐する図形となります。

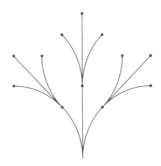

図19-2　2本のレールの組み合わせで描ける図形の重ね合わせ

　それでは、もう1本追加したらどうなるでしょう。先ほどの図の終点が再び3つに分岐するので、次ページの図19-3の樹形図の形になります。よく見ると、一部に合流する点があります。直線→右カーブ→

左カーブの並びと、右カーブ→左カーブ→直線の並びは、始点と終点において、同じ位置で進行方向も同じになることがわかります。

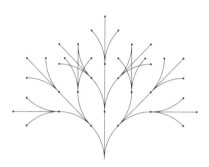

図19-3　3本のレールの組み合わせで描ける図形の重ね合わせ

同じようにして本数を増やしてみましょう。下の図は、4本(左)、5本(右)で描かれる樹形図です。枝はどんどん増えていきます。5本の場合は3⁵＝243通りのレイアウトが含まれることになります。

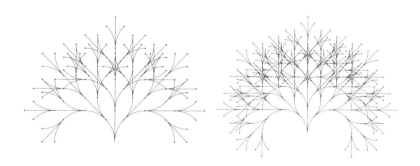

図19-4　4本(左)、5本(右)のレールの組み合わせで描ける図形の重ね合わせ

さらに今度は、最初の進行方向を真上に限定せずに、上下左右と斜めを含む8方向から選べるとした場合の様子を見てみましょう。下の図の左側は4本のレールで作れる模様、右側は曲線のレールのみを12本組み合わせて作れる模様です。まるで曼荼羅のようになりました。プラレールで描ける幾何学図形、調べてみるとおもしろい発見がたくさんありそうです。

図19-5　4本（左）、12本（右）のレールの組み合わせで描ける図形の重ね合わせ

コラム

レールの端の座標

下の図は、7本のレールで描ける模様から線を除外して、レールの端点のみを描いた様子です。何か規則性がありそうですね。

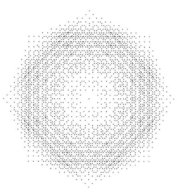

図19-6 7本のレールの組み合わせで描ける図形のレールの端

これらの点の座標は、次の式で表されることがわかっています。

$$(m_x + \frac{1}{\sqrt{2}} n_x,\ m_y + \frac{1}{\sqrt{2}} n_y)$$

ただし、m_x, n_x, m_y, n_y は整数で $n_x + n_y \equiv 0 \pmod{2}$ を満たします[※1]。子どもと一緒にプラレールで遊ぶ傍らで、いろいろと数学的な考察を楽しめそうです。

※1　$n_x + n_y$ は偶数である、ということを意味します。

プラレールのレールが30本あれば200年以上遊べる | 127

20 一周して戻ってくるプラレールのレイアウトを作るのは簡単？ 難しい？

図20-1 レールで作る幾何学模様

　プラレールのレイアウトで、対称性のある美しい幾何学模様を作りだすことができます。その方法は驚くほど簡単です。適当なレールの並びを、ただ繰り返しつなげるだけでいいのです。そうすると、やがてレールの端と端がつながって、上の図のような一筆書きのできる幾何学模様が完成します。レールが交差してしまって、実際に列車を走らせることはできませんが、楽しいですからぜひ試してみてください。

プラレールで作る幾何学模様

冒頭の図に示した幾何学模様は、下の図のレールの並びを8回繰り返しつなげることで作り出されます。同じ形をただ8回繰り返すだけで、レールの先端がちょうど元の場所に戻ってきて、始点と終点をぴったり接続できるのです。

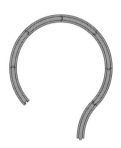

図20-2　レールの並び

このように綺麗な図形が描けるのは、上の図のレールの並びが特別だったからではなくて、どのような形であっても大丈夫です。2回、4回、または8回繰り返すと、元の場所に戻ってきて、ぐるっと一周するレイアウトを作成できます（ただし、直線を並べただけのような、始点と終点で進行方向が同じものは除外します。これではどんどん遠くへ離れていくだけです[※1]）。

他の例を次の図に示します。左の例は2回繰り返すと元の場所に戻り、右の例は4回繰り返すと元の場所に戻ります。

※1　でも、もしかしたら地球をぐるっと一周して接続できるかもしれません。

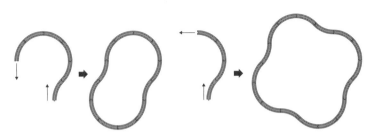

図20-3 2回繰り返すと元の場所に戻る例(左)と4回繰り返すと元の場所に戻る例(右)

上の図では、わかりやすいように始点と終点での進行方向を矢印で示しています。必要な繰り返しの回数は、この2つの矢印の方向(角度)の差によって次の表のように決まります。

角度の差	45度	90度	135度	180度
繰り返し回数	8回	4回	8回	2回

表20-1 始点と終点における角度の差と、必要な繰り返し回数

このような性質を使うことで、一周して戻ってくる、さまざまな幾何学模様を描くことができます。ただし、レールどうしの交差が発生することがあります。この場合は列車が走れませんのでご注意を[1]。

コンピュータ上でレイアウトを作る

直線レールと曲線レールだけを使うとしても、実にたくさんのレイアウトが作れることを「19 プラレールのレールが30本あれば200年以上遊べる」で紹介しました。その中では、30本のレールの組み合わ

---

[1] 3Dプリンタで交差部分を作って、実際に走れるようにしてしまった方もいるようです。

せで約1000万のレイアウトを作れることがわかりました。

このような数え上げにはコンピュータが必要になりますが、コンピュータで扱いやすいように、レールの形を何かしらの記号で表現できると便利です。「直進」「右カーブ」「左カーブ」の3種類をそれぞれ記号S, R, L(Straight, Right, Leftの頭文字をとったものです)で表すと、下の図に示すそれぞれのレイアウトは、●記号を始点として、左から順にSRRLL、RRRSLLL、RLRLLLLLLと表すことができます[※2]。さらに、Rが2回続く箇所をR2、Lが3回続く箇所をL3のように表すものとすると、それぞれSR2L2、R3SL3、RLRL6のように短く表記することもできます。

図20-4　SR2L2、R3SL3、RLRL6で表されるレールの並び

このような簡単なルールで、プラレールのレイアウトを記号で示せるようになります。

筆者が開発した「鉄道模型コースシミュレータ」というアプリケーションでは、S, R, Lの文字を入力すると、それによって表現されるレイア

※2　もし2種類で済むのだったら0と1で表現できて、よりコンピュータらしいですけどね。

ウトが画面に表示されるようになっています。あまり考えずに、適当に記号を並べるだけで、それに相当するレイアウトを見て遊べます。このアプリケーションはWebで公開しているので、ぜひ遊んでみてください。

実際にレールを並べるまえに、いろいろなレイアウトを試せます。

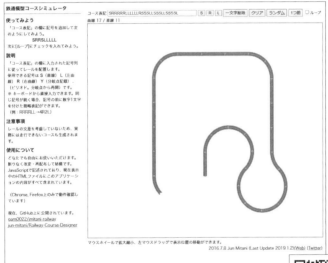

https://mitani.cs.tsukuba.ac.jp/ja/software/railway/index.html

図20-5　鉄道模型コースシミュレータの画面とアクセス用のQRコード

このシミュレータには、[ループ]というオプションがあり、このオプションをONにすると、さきほど紹介した方法で閉じたコースを自動生成してくれます。また、同じく筆者が作成した「幾何学模様コースランダムジェネレータ」というアプリは、下の図のような幾何学模様をランダムに次々に生成します。万華鏡で遊んでいるような感覚を楽しめますので、こちらもぜひ試してみてください。

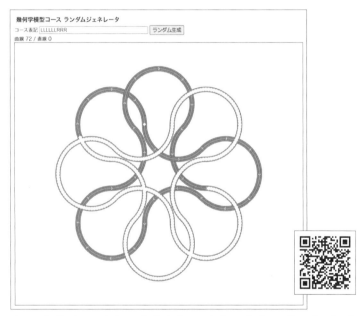

https://mitani.cs.tsukuba.ac.jp/ja/software/railway/index_with_anime.html

図20-6　一筆書きできる幾何学模様を生成するアプリの画面とアクセス用のQRコード

レイアウトを完成させるパズル

下の図のような作りかけのレイアウトがあったとしましょう。

図20-7　作りかけのレイアウト

　この形を繰り返しつなげると、やがてぐるっと一周して戻ってくることをこれまでに説明しました。でも、そうではなくて、「できるだけ少ない数のレールを追加して閉じたレイアウトを完成させてください」という設定だったらどうでしょう。実はこれ、結構難しい問題です。

　経験豊富な人なら、少し考えただけで適切なレールの追加方法がわかるかもしれませんが、そうでないと、あれこれ試行錯誤して大変な時間を要することになります。つなげるレールは右カーブ、左カーブ、直線の3通りから選ぶとしても、すでに述べたように、使用する本数に応じて組み合わせの数が爆発的に大きくなるからです。

　このような、レイアウトを完成させることを目的としたパズルゲームも作ってみました。ブラウザ上で楽しく遊べるアプリです。次のURLで公開していますので、こちらもぜひ遊んでみてください。

https://mitani.cs.tsukuba.ac.jp/ja/software/railway_puzzle/

一周して戻ってくるプラレールのレイアウトを作るのは簡単？ 難しい？ 135

今のところ全部で50問公開しています。後半になるほど難しくなります。何番の問題まで解けるか、腕試ししてみましょう。

このパズルゲームで腕を磨いたら、子どもが作りかけたレイアウトも、きっと簡単に完成させられることでしょう。

コ ラ ム

パズルの問題は
どうやって作った？

先ほど紹介したレイアウトを完成させるパズル。実を言うと、開発した私自身も後半の問題は難しくてなかなか解くことができません。それなのに、どうやって問題を作ったのかというと……。そうです。ご想像の通り、問題も解答もコンピュータで生成しているのです。問題の解答を見つけるプログラムのことをソルバと呼びます。プログラミングを修得すると、このようにできることの幅が広がって楽しいです。

21
円周率を見る

図21-1 これは何を表しているでしょうか?

上の図の立体は何を表しているかわかりますか?

形だけを眺めて、推測するのは難しいかもしれませんが、このページの見出しに「円周率」という言葉が含まれているので、勘がよい方は答えがわかりましたね。

円周率

　直径に対する円周の長さの比率を表す円周率は、いつまでたっても終わりのない数字の列です。円周率

$$3.1415926535897932384626 43\cdots$$

に登場する数字の並びに、なにかしらの法則がないかと多くの数学者が関心を持ってきました。そのなかで、円周率を数字で示す以外の方法で目に見える形にする試みがいろいろされています。

　冒頭の図は、小数点以下1,000桁分の数字の並びを立体棒グラフにしたものです。50桁区切りで手前から奥の方へと並ぶようにしています。ただの棒の並びですが、円周率という数字の並びを立体図形として見ることができるのはおもしろいことです。

　このような形にすると、たとえば9が6個並ぶ**ファインマン・ポイント**をすぐに見つけることができます。ファインマン・ポイントとは円周率の小数点以下762桁目から始まる6個の9が並ぶところです。アメリカの物理学者であるリチャード・ファインマンが円周率をこの桁まで暗記したい、と講義の中で述べたとされています。

　751桁目から770桁目までの数字の並びは次のような感じです。

$$\cdots 51870721134999999837\cdots$$

　棒グラフによって表現してみると、この9が並ぶ所がわりと簡単に見つけられます。次ページの図21-2で色を濃くしたところがファインマン・ポイントです。ちなみに、数字の並びがランダムな場合、同じ数字が6個並ぶ確率は10万分の1ですから、このような並びが早く登場することは驚きです。

図21-2　ファインマン・ポイントを強調した円周率の図形

円周率のプラレールエンコード

「20 一周して戻ってくるプラレールのレイアウトを作るのは簡単？　難しい？」ではプラレールのレイアウトをS, R, Lの3つの記号の列で表現できることを説明しました。この記号をそれぞれ0, 1, 2という数字に置き換えると、下の図のRRSLというレイアウトは2201になります。

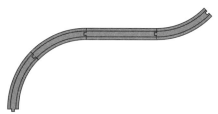

図21-3　RRSLLで表されるレイアウト

　普段私たちは、0～9の10種類の数字の組み合わせで数を表す10進数表現を使っていますが、0, 1, 2の3種類の数字で、**3進数表現**をすることができます。

　たとえば、3進数で2201と書かれる数字は、次の計算によって10進数表記の73に相当します。

$$2 \times 3^3 + 2 \times 3^2 + 0 \times 3^1 + 1 \times 3^0 = 73$$

このことは、図21-3のレイアウトで73という数を表せることを意味します。プラレールによって数を表現できるというのは、とてもおもしろいですね。

下の図は、円周率を3進数で表現したときの、小数点以下01021101222201021100112001 00201をSRSLRRSRLLLLSRSLRRSSRRLSSRSSLSRに置き換えてレールの組み合わせで表現したものです。

円周率をプラレールのレイアウトの形で表現することができました[※1]。

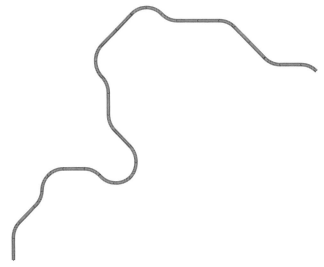

図21-4 円周率をエンコードしたレイアウト

※1　10進数で0.1415926535に相当します。

140 | 第2章　触って作って感じる数学

コ ラ ム

プラレールの情報量

　与えられた情報を、予め種類の数が決まっている要素の並びに特定のルールに従って置き換えることを**エンコード**といいます。そして、こういった要素の並び（今回の例ではレールの並び）から元の情報（円周率）を復元することを**デコード**といいます。

　0と1という2種類の数字だけを使う**2進数**では、1桁で**1bit（ビット）**の情報量を持たせることができることはよく知られていますが、3進数では1桁で約1.6bitの情報を持たせることができます[1]。つまり、プラレールの直線、右カーブ、左カーブだけを使って情報を格納する場合、レール1本あたりの情報量は約1.6bitと言うことができます。

---

[1] とりうる場合の数がnのときの情報量（bit）は、$\log_2 n$で表されます。3進数1桁の場合のbit数は、$\log_2 3 = 1.5849\cdots$となります。

22 ハノイの塔のアルゴリズム

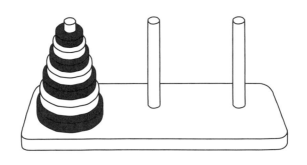

図22-1　パズル「ハノイの塔」

　ハノイの塔という有名なパズルがあります。穴の開いた円盤を大きいものから順にポールに挿して塔を作ります。左端のポールに塔を作ったら、それを右端のポールへと移動させることが目的です。「円盤は1つずつしか移動できない」「小さな円盤の上に大きな円盤を乗せることはできない」という制約があります。

　ルールは簡単ですが、解き方を見つけるまでは、頭をひねってあれこれ試すことになるでしょう。でも、上の図のように円盤に色がついていると、大きなヒントになります。わかってしまえば規則的な操作の繰り返しで解くことができます。そこには「**再帰**」という概念が登場します。

7段のハノイの塔

冒頭の図のような7段の塔を左端から右端へ移動させることを考えてみましょう。移動先のポールを「行先ポール」と呼び、そうではないポールを「補助ポール」と呼ぶことにします。

さて、一番下にある大きな円盤を移動させるためには、その上に載っている6段の塔をいったん補助ポールに移動させる必要があります。そして、一番大きな円盤を行先ポールに移動させたら、補助ポールに移動させていた6段の塔を行先ポールに移動させます。

これをまとめると、7段の塔を移動させるためには次の3つの操作が必要なことがわかります。

(1)6段の塔を補助ポールに移動させる
(2)一番大きな円盤を行先ポール移動させる
(3)6段の塔を行先ポールに移動させる

この(1)と(3)は、6段の塔を移動させる操作です。そのためには、まず5段の塔を移動させる操作が必要になります。でも、5段の塔を移動させるには4段の塔を移動させる必要があります。4段の塔を移動させるには……。

このようにして、n段の塔を移動させるためには、$n-1$段の塔を移動させる必要があり、$n-1$段の塔を移動させるには$n-2$段の塔を移動させる必要があって……と、最後には1段の塔を移動させる操作までさかのぼる必要があります。

では具体的に4段の場合の動きを見てみましょう。

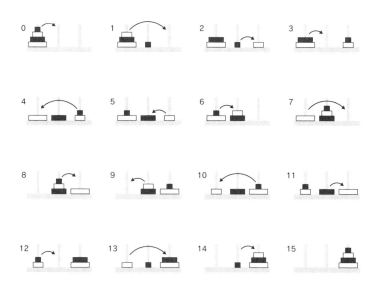

図22-2　4段のハノイの塔の手順（数字nはn手目の操作が終わった状態を示す）

　上の図のように1段の塔、2段の塔、3段の塔と順番に移動させて、8手目でようやく4段目の円盤が右端のポールに移動できます。その後、3段の塔を右端に移動させるために、やはり2段の塔を移動させる操作、1段の塔を移動させる操作が必要になります。4段の塔は、最短で15回の操作で移動が完了します。

　実際に手を動かしてみるのが一番なのですが、図をよく観察すると、一番小さな円盤は2回に1回はポールをあちらへこちらへと、チョコチョコ移動することがわかります。

第2章 触って作って感じる数学

ハノイの塔を解くアルゴリズム

先ほど説明したような操作を、次のような疑似的なプログラムコードで記述できます。

```
関数 塔の移動 (移動させる塔の高さ n, 今のポール from, 行先ポール
  to, 補助ポール aux)
    もし n が 1 なら
      円盤 1 を from から to に移動する
    それ以外なら
        // n-1 段の塔を今のポールから補助ポールに移動する
        塔の移動 (n-1, from, aux, to) を呼び出す
        // 一番大きな円盤を今のポールから行先ポールに移動する
        円盤 n を from から to に移動する
        // n-1 段の塔を補助ポールから行先ポールに移動する
        塔の移動 (n-1, aux, to, from) を呼び出す

    開始
      塔の移動 (7, 左ポール, 右ポール, 中央ポール) を呼び出す
    終了
```

このプログラムコードの、「塔の移動」関数は n で指定される高さの塔を、from から to へと移動させます。しかし、その関数の中を見てみると、自分自身である「塔の移動」関数を 2 回呼び出しています。このように、ある関数がその内部で自分自身を呼び出すことを「再帰」といいます。再帰を持つプログラムコードを理解するのは少し難しいですが、順番に流れを追っていくと、まさにハノイの塔を解く手順を再

現できることを確認できます。

ハノイの塔を解くには、複雑な繰り返し操作が必要ですが、このようなシンプルなアルゴリズムで実現できてしまいます。

さて、冒頭では色がついていることが解法のヒントになると書きました。図22-2の各ステップを見るとわかるように、実は途中のどのような状態においても、同じ色の円盤どうしが重なり合うことはないのです。つまり、白い円盤の上に白い円盤が乗ることは決してありません。黒い円盤の上に黒い円盤が乗ることもありません。それがわかると、円盤を移動させられる先がただ1つに決まるので、まったく迷うことなく塔の移動を成功させることができます。

コラム

ハノイの塔を解くのに必要な最短手数

ハノイの塔のパズル、塔が n 段の場合は、2^n-1 手が最小手であることが知られています[1]。

つまり、3段、4段、5段、6段、7段のときには、それぞれ7, 15, 31, 63, 127手が必要になります。段が増えるたびにおよそ2倍ずつ手数が増えていきます。10段のときには1023手、20段のときには104万8575手、30段の時には10億7374万1823手かかることになります。1秒に1回の操作ができるとしても、30段のハノイの塔を移動させ終わるのにはおよそ34年かかってしまう計算になります。

※1　2^n-1の形で表される数は**メルセンヌ数**と呼ばれます。

23
紙を曲線で折ると楽しい

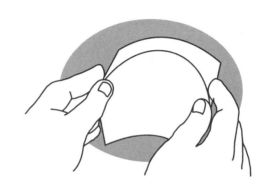

図23-1　紙の上に描いた曲線で折ってみる

　1枚の紙を手渡されて、自由に折ってくださいと言われたら、ほとんどの人が紙のカドとカドを合わせる[※1]、または辺と辺を合わせて平らにパタンと折ることでしょう。そうでない、ちょっとおへそが曲がった人は、カドを合わせたりしないで、どこかを適当に折るかもしれません。それでもやっぱり、たぶん平らな状態に折ることでしょう。そうすると、折り目はまっすぐ、直線になります。

　でも紙は曲線で折ることもできます。紙の上に適当に曲線を描いて、それに沿って折ってみましょう。ふだんはあまり見かけることがない形を作り出すことができます。

※1　折紙の正方形の頂点を口に出して説明するときは「かど」と言いますが、文字で表すときに漢字で「角」と書くべきか悩ましいです。読み仮名がないと「カク」や「ツノ」と読めてしまいます。平仮名を使うと「かどとかどを合わせる」になって読みにくい。そんなわけでカタカナ表記を使うことが多いです。

曲線で折る

曲線に沿って紙を折ると、折り目を境界とする両側に滑らかな曲面が現れます。平らにはならなくて立体的な形になります。折り目をどれだけの角度で折るかによって、できる形が異なります。下の図の3つの形は、どれも同じ曲線を折って作った形ですが、それぞれの印象はだいぶ異なっています。

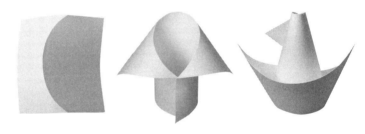

図23-2 同じ曲線を折っても異なる形ができる

紙を曲げて作ることができる曲面は、伸び縮みさせることなく平面に展開することができるので、**可展面**と呼ばれます。可展面は「18 綿棒が作る不思議な曲面 一葉双曲面」で紹介した線織面の一種です。

次ページの図23-3は、A4サイズの紙を1つの曲線で折って作った「水芭蕉」という名前の作品です[※2]。どうやったらこのような形ができるでしょうか。手元のコピー用紙に、図23-3の左にあるような曲線を描いて(正確に同じでなくてかまいません)、試しに折ってみましょう。一度曲線に沿って折り目をつけたら、右手と左手それぞれで紙のコーナーをつまむように持って、全体をひねることで形が完成します。

※2 『曲線折り紙デザイン(日本評論社)』に収録されています。

言葉で伝えるのはなかなか難しいです。コピー用紙でできますから、ぜひ試してみてください。

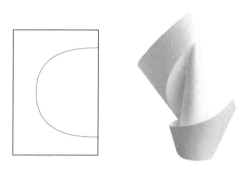

図23-3　A4サイズの紙で作ることができる「水芭蕉」の作品

幾何学的な形を折る

適当に描いた曲線でも、それに沿って紙を折ることで興味深い形を作れることがわかりました。でも、この方法では、欲しい形を正確に作り出すことはできません。1枚の紙で作れる形の幾何学的な制約に基づいて、計算によって曲線の形をしっかり決めることで、意図した形を正確に作ることができます。

少し難しい話をしているように聞こえるかもしれませんが、作る形を軸対称な立体に限定して、紙のひだを立体の外側に折り出す方法にしてしまえば、簡単な計算で曲線の折り目を持つ形を作り出すことができます。

その詳細についての説明は他書[1]に譲るものとして、このアプローチで設計した曲線で折る折紙を2つ紹介します。図23-4は、細長い

---

[1]　『立体折り紙アート(三谷純)』日本評論社、『曲線折紙デザイン(三谷純)』日本評論社

長方形から球体を作った例です。展開図の★と★、☆と☆を貼り合わせて筒状にしてから仕上げます。実線を山折り、破線を谷折りにします。図23-5は、ホイップクリーム[※2]の形を作ったものです。いずれも私が気に入っている形です。

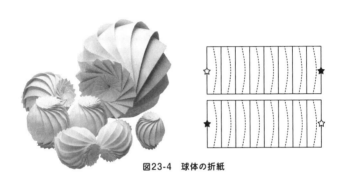

図23-4　球体の折紙

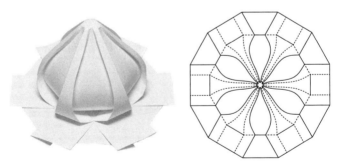

図23-5　ホイップクリームの形をした折紙

※2　見る人によっては、桃や擬宝珠（ぎぼし）など、ちがったものの形に見えるようです。

細長い紙で折る

はじめの方で紹介したように、折り目となる曲線を紙の上に自由に描くことで、いろいろな形を作ることができました。でも、あまりにグニャグニャ曲がった曲線だと、線に沿って折れない場合があります。こう書いてもなかなかイメージしにくいと思うので、ぜひ試してみましょう。紙にぐにゃぐにゃした線を描いて、それに沿って折れるかどうか確認してみましょう。綺麗に折れる曲線は意外と限られることに気づきます。

綺麗に折ることが難しいときは、下の図のように紙を折り線の周囲に限定して細長い帯の形にすれば、どんな曲線でも折れることが知られています。

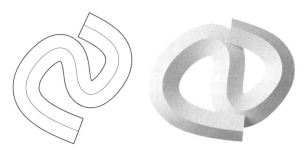

図23-6　ぐにゃぐにゃした曲線でも紙の幅を狭めると折ることができる

図23-7に示すように、折り線の折り具合を大きくすると、元の曲線はより曲がりのきつい形になります（曲がりの程度を**曲率**という言葉で表現します）。つまり、折る角度を大きくすると、曲率が大きくなります。

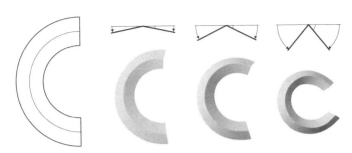

図23-7　折る角度と折った後の形の違い

これまでに説明したことをうまく活用すると、下の図のような、ト音記号も一続きの細長い紙で作れてしまいます。ト音記号には、線が交差するところがあるので、決して一続きの紙では作れないように思えますが、そうではないのです。

紙を細長く切って、中央に折り目を入れます。この折り目の折りの角度で、微妙に曲がり具合を調整できるのです。普通の折紙とはだいぶ違いますが、自由にいろいろなことができると楽しいですね。

図23-8　細長い紙で作るト音記号

24
紙を半分に折り続けると月にも届くというけれど

図24-1　紙を半分に折り続けると月まで届く？

　紙を半分、半分と折っていくと、厚さが倍々に増えていくので、やがては富士山の高さを超えてしまい、42回目にはなんと月にも届く高さになる。というような話を、一度は聞いたことがあるのではないでしょうか。

実際に計算してみる

そんなことがありえるのかどうか、紙の厚さを0.1ミリとして計算で確かめてみましょう。1回折るごとに、全体の厚さは2倍になります。

以下に、折った回数と、そのときの厚さ（高さ）を書いていきます。

折った回数	高さ
1回	0.2mm
2回	0.4mm
3回	0.8mm
4回	1.6mm
⋮	⋮
10回	約10cm
⋮	⋮
23回	**約839m**
⋮	⋮
25回	**約3,355m**
26回	**約6,710m**
⋮	⋮
42回	**約44万km**

← スカイツリーを超える

← もう少しで富士山の高さ
← 富士山を超える

← 月までの距離（38万km）を超える

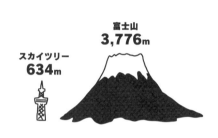

確かに42回目には月までの距離を超えてしまいます。

このように2倍ずつ増える増え方を**指数関数的増加**といいます。

紙の大きさは？

ところで、先ほどの話は紙の厚さだけに注目していて、紙の大きさのことを考えていませんでした。半分、半分と折っていくわけですから、当然、折ったあとの紙の面積は2分の1ずつ小さくなっていきます。

1枚のコピー用紙から始めたものとして、折った後の紙の大きさを計算してみることにしましょう。紙を縦と横に交互に折っていくものとして、長い方の辺（長辺）の長さがどのように変わるかを見ていきます。A4のコピー用紙の縦横の比は$1:\sqrt{2}$で（**白銀比**と呼ばれます）、長辺を半分に折った後にも、この比率が維持される特徴があります。1回折ると面積は$1/2$になり、長辺の長さは$1/\sqrt{2}$になります。2回折ると、面積は$1/4$になって、長辺の長さは半分になります。

A4コピー用紙は長辺が約30cmですから、1回折ると長辺の長さは約21cmになって、2回折ると約15cmになります。

次ページに、折った回数とそのときの紙の大きさ（長辺の長さ）を書いていきます。

紙を半分に折り続けると月にも届くというけれど

折った回数	紙の大きさ （長辺の長さ）
1回	21cm
2回	約15cm
3回	約10.5cm
4回	約7.5cm
⋮	⋮
19回	約9.3mm
20回	約0.3mm
⋮	⋮
28回	約20μm
⋮	⋮
42回	約0.1μm

← A5サイズ
← ハガキサイズ

← 1円玉の大きさ(1cm)より小さい
← シャープペンの芯の太さ

← 紙の繊維の太さ

← ウイルスの大きさ

　上に書いたように、28回目には紙の繊維の幅より細くなってしまいます。そして、月に届くという42回目にはウイルスの大きさほどになってしまいます。このようなわけで、紙を折って月まで届かせる、とい

うことは実際にはとてもできそうにありません。みなさんもなんとなく、そうだと思っていましたね。

実際にコピー用紙で試してみると、せいぜい7回が限界です。これは下の図のように、折り返しの部分が丸みを帯びてきて、この部分に紙の大部分が使われてしまうからです。

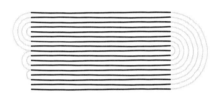

図24-2　折り返し部分を考慮する必要がある

紙を折る回数にはギネス記録があります。それは2002年にブリトニー・ガリバンによって達成された12回です。このときは長さが1200mのトイレットペーパーを使ったそうです。もし、ギネス記録を更新することを目指すのであれば、次は2400m以上の長さの紙を準備しないといけないでしょう。

ドラゴン曲線

ところで、下の図のように長い紙テープを用意して、それを半分、半分、……と折ってから折り目を直角に開くと、興味深い形が現れます。この形には、**ドラゴン曲線**という名前がついています。

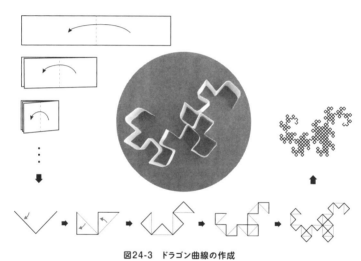

図24-3　ドラゴン曲線の作成

ドラゴン曲線は部分的な構造と全体の構造が同じ、自己相似性のある**フラクタル図形**の一種で、決して自分自身の一部と交差することはないということ、それから複製を90度、180度、270度回転させて配置すると、平面を隙間なく敷き詰められる、というとても興味深い特徴があります。

紙を折って開くだけで観察できますから、ぜひ試してみてください。

ちなみに、ドラゴン曲線の名前の由来には、1966年、アメリカ航空宇宙局(NASA)に勤務する物理学者のジョン・ヘイウェイが、1ドル紙幣を折って開いたときの興味深いパターンに気づき、その同僚がDragon curveと名付けたという経緯があるそうです。

コラム

紙の面積

「A4コピー用紙」などのように、紙のサイズを表すためにA3、A4、A5といった表記が広く用いられています。A4のサイズは297mm×210mmで、これは国際規格によって定められています。この規格の特徴として、縦横の比率が$1:\sqrt{2}$になっています。長辺で半分に切ると縦横の比率が保たれたまま、面積が1/2になります。下の図に示すように、紙のサイズ表記の数字が1増えるごとに、辺の長さは$1/\sqrt{2}$に、面積は1/2になります。ちなみに、A0サイズ(841mm×1189mm)の面積は、ちょうど1平方メートルです[※1]。うまくできていますね。

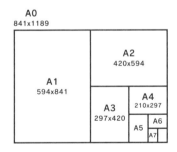

図24-4　A判の用紙サイズ

※1　計算してみるとわかりますが、正確には 0.999949平方メートルです。ミリメートル単位で寸法が決められているので、厳密に$1:\sqrt{2}$の比率になっているわけではないのです。

25
繰り返して折る不思議

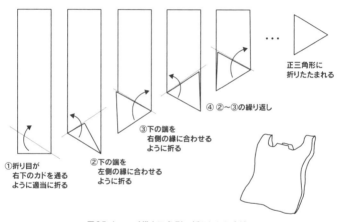

図25-1 レジ袋を三角形に折りたたむ方法

　レジ袋のたたみ方の1つに、三角形に折りたたむ方法があります。はじめにレジ袋を細長くたたんでから、上の図のように端から三角形に折っていきます。

　実はこの折り方は素晴らしくて、どんなに適当に折り始めても、最後はほぼ正確な正三角形に仕上がります。

正三角形に近づくわけ

冒頭の図の折りたたみ方は、たとえいびつな三角形から始めたとしても、次第に正三角形に近づいていきます。不思議です。コピー用紙で結構ですから、細長い長方形を切り出して、さっそく三角形に折る操作を試してみましょう。そうすると、あれれ、本当に正三角形ができあがります。

いったい、どういった仕組みなのか考えてみましょう。正三角形であるためには、紙の縁と折り目の間の角度がちょうど60度である必要があります。冒頭の図のように、はじめは適当に折るので誤差が$α°$だけあるものとしましょう。そうすると、①の角度は$180°-(60°+α)=120°-α$です。

次の操作では、この角度を2等分するように折るので、得られる角度は$60°-α/2$になります。誤差が半分になりました。続いて②の角度は$180°-(60°-α/2)=120°+α/2$です。次の折り操作では、これを半分にするので、$60°+α/4$。また誤差が半分になりました。

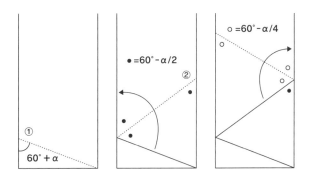

図25-2　折っていくことによる角度の変化

つまり、3回の折りで誤差は8分の1になって、4回繰り返せば、誤差は16分の1になってしまいます。最初の誤差が15度であったとしても（これはかなり大きな誤差です）、4回折れば1度以下の誤差に収まってしまうのです。

こうして、最終的には綺麗な正三角形に折りたたむことができます。これを、正三角形に漸近する、といいます。

このように繰り返し折ることで、誰がやってもほぼ正確な正三角形が得られるというのは楽しいものです。

3等分する折り目

ほかにも折る操作を繰り返すことでおもしろい結果が得られるものがあります。

次のページの図25-3のような方法を繰り返すと、折り目は紙の幅の3分の1のところに近づいていきます。紙を3等分するための豆知識です。

折るたびに、はじめにあった誤差が半分に減っていくので、数回繰り返せば、すぐにちょうど3分の1と言ってよいほど正確な場所で折ることができます。これもぜひためしてみてください。

このような繰り返し折る操作で、紙を n 等分したり、n/m の位置を見つけるといった方法は、この手法の先駆者である藤本修三氏の名をとって**藤本の漸近法**として知られています。

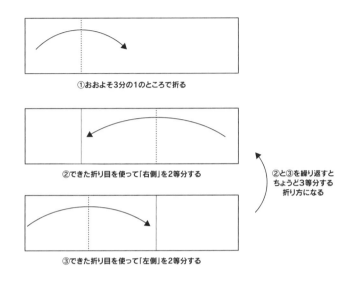

図25-3　3等分する折り方

二次曲線が現れる折り方

　紙を平らに折ってできる折り目は直線に限られますが、その折り目で、放物線や楕円を作り出すこともできます。次のような方法で、放物線を描くことができます。

（1）紙の上に適当な点pを描く
（2）紙の縁の適当な点qを点pに重なるように折る
（3）点qの位置を変えながら（2）の操作を繰り返す

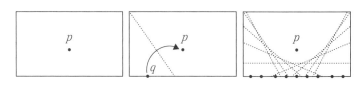

図25-4　放物線の包絡線を折る

そうすると、折り目は、点pを**焦点**、紙の縁を**準線**とする放物線に接する直線となります。上の図のようにこれらの集まりで、放物線の形が浮かび上がってきます。このような線の集まりを放物線の**包絡線**といいます。

折紙といえば、四角い紙を使うのが普通ですが、丸い紙を使うと、先ほどの放物線の包絡線を作ったのと同じようにして楕円の包絡線を描くことができます。紙の形が異なるだけで、手順は先ほどとまったく同じです。

(1) 紙の上に適当な点pを描く
(2) 紙の縁の適当な点qを点pに重なるように折る
(3) 点qの位置を変えながら(2)の操作を繰り返す

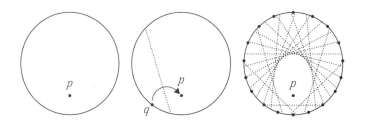

図25-5　放物線の包絡線を折る

折り目は点pと元の円の中心を焦点とする楕円の包絡線となります。

「4 光が作る円錐曲線」でも紹介したように、放物線も楕円も二次曲線です。紙の形を変えることによって、この2つの曲線の包絡線を折り出すことができました。もう1つの二次曲線である双曲線はどうやったら折れるでしょうか。

楕円の包絡線は円周上の点を、円の内側にある点に合わせるように折りました。今度は、円周上の点を、円の外側にある点に合わせるように折ると、双曲線の包絡線を作ることができます[1]。半透明なトレーシングペーパーを使ったり、またはちょっと特殊な折り方になるかもしれませんが、紙から円をくり抜くことで、実現できます。

---

[1] 参考文献：横田佳之，"折り紙と数学教育について"，首都大学東京教職課程紀要(2), p181-193, 2018.

26 くす玉を作るのに必要な折紙の枚数と多面体の双対の関係

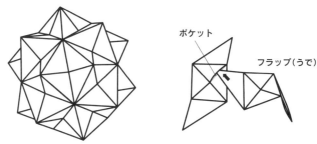

図26-1　くす玉と薗部式ユニット

　同じ形に折った複数のユニット（部品）を立体に組み上げる折紙作品を**ユニット折り紙**と呼びます。代表的なものとして、薗部式（そのべしき）ユニット[※2]と呼ばれるユニットを組み合わせて作る「くす玉」が広く知られています。**薗部式ユニット**以外にも、さまざまな形のユニットが考案されていて、それらを組み合わせて作る作品の形もさまざまです。ユニットを組み上げていく工程は楽しいですが、事前にたくさんのユニットを正確に作ることが必要なので、準備には根気が要ります。なによりも、最後の1つのユニットを上手に組み合わせて完成させるのが一番難しいところです。

[※2] 薗部式ユニットは、薗部光伸氏による「カラーボックス」という作品で、当初6個で組むものでした。その後12枚組、30枚組などの作品が生まれました。

166　第2章　触って作って感じる数学

　さて、このユニットですが、作品を完成させるにはいったいいくつ必要でしょうか。作る立体にもよりますが、ちょっと乱暴に言ってしまうと大抵の場合は「30個」が正解になります。

ユニットを組み合わせて作る立体

　ユニット折り紙で作る立体は、同じ形のユニットを組み合わせて組み上げることから、対称性のある正多面体をベースにしたものがほとんどです。「13　三角形の集まりで作る形」で紹介したように、正多面体は、正四面体、正六面体、正八面体、正十二面体、そして正二十面体の5種類に限られます。そのなかで、最も球に近いものは正二十面体で、次に正十二面体が続きます。

　実は、ユニット折り紙は多面体の「辺」にユニットを配置した構造になることが多く、辺の数は正十二面体も正二十面体も、どちらも「30」なのです。そのため、ユニット折り紙を作るためには、最初に30個のユニットを準備する必要があるケースが多いです（たくさん作る必要がありますね）。

　冒頭の図のくす玉は、正二十面体をベースとしていて、その辺にユニットが配置されています。そのため、このくす玉を仕上げるには、やはり30個のユニットが必要です。

　次の表は、「13　三角形の集まりで作る形」で示したものです。正多面体を構成する頂点、辺、面の数をもういちど確認してみましょう。

	正四面体	正六面体	正八面体	正十二面体	正二十面体
頂点の数	4	8	6	20	12
辺の数	6	12	12	30	30
面の数	4	6	8	12	20

表26-1 正多面体の面・辺・頂点の数

多面体の双対

上の表を見ると、次のようなちょっとおもしろい関係を見つけることができます。つまり、正十二面体と正二十面体では（辺の数）が同じと言いましたが、（面の数）と（頂点の数）に注目すると、ちょうどそれらが入れ替わった関係になっています。

また、正六面体と正八面体に注目すると、やはり（辺の数）は同じで、（面の数）と（頂点の数）はそれぞれが入れ替わったものとなっています。こういった「正十二面体と正二十面体」「正六面体と正八面体」のペアは、**双対**という関係にあります。多面体Aの面の中心に頂点を配置して、隣接する面に対応する2つの頂点を結んで新しい辺とすると、新しい多面体Bができます。このとき、AとBは双対な関係がある、というのです。

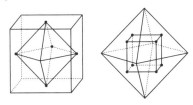

図26-2 正六面体と正八面体の間の双対の関係

双対な相手がいなかった正四面体は、自分自身と双対です。試しに、正四面体の面を頂点に入れ替えてみると、やっぱり正四面体になります。このような性質を持つ立体を、**自己双対**といいます。

図26-3　正四面体は自己双対な立体

こういった正多面体の性質を知っていると、新しいユニット折り紙に挑戦するときに役立ちます。

コラム

半正多面体(アルキメデスの多面体)

正多面体は表26-1に示す5種類に限られます。正多面体には、1種類の正多角形だけしか含まれませんが、複数の異なる正多角形を組み合わせてもよいとすると、ほかにも13種類の多面体を作ることができます(頂点の構造が同じであるという制約があります)。これらを**半正多面体**または**アルキメデスの多面体**と呼びます。この中には、サッカーボールのように正五角形と正六角形を組み合わせてできる**切頂二十面体**[1]も含まれます。こういった多面体も、ユニット折り紙の構造に使われることがあります。多面体によって、ユニットの数がいくつ必要になるか考えてみるのも楽しいです。

※1　正二十面体の頂点を切り落とすことでできる形なので、このように呼ばれます。

27 ポップアップする図形

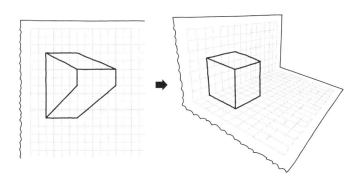

図27-1 図形を描いた方眼紙（左）を水平な線で直角に折ると……

　上の図の左側には、方眼紙に描かれた不思議な図形があります。そのままでは何を表しているのかさっぱりわかりませんが、これを水平な線で折って直角に立ち上げると、あれれ不思議。立方体が空中に描かれたように見えます。

　これは特定の位置から眺めたときに立体図形が見える、**錯視図形**の1つです。

紙を直角に折ると飛び出して見える形

この立方体の錯視絵は、方眼紙のマス目を参照しながら冒頭の図そっくりに描けば、誰でも簡単に再現できます。ぜひ試してみてください。

絵を描いて水平線で折ったら、少し離れたところから片目を閉じて眺めたり、またはスマホのカメラ越しに見てみると、より立体図形らしさが強調されます。おもしろいですね。

では、立方体ではなくて、もっと複雑な立体を表現するにはどうすればよいでしょうか。冒頭の図の左側のような、折る前の図形をどうやったら描くことができるでしょう。

いろいろ法則を考えて描く方法もありますが、次の手順を使うと、とても簡単に実現できます。

（1）折った状態の方眼紙を撮影する
（2）撮影した方眼紙の上に絵を描く（撮影した方眼紙を印刷した紙の上に描くのでもよいし、パソコンの画面上で描くのでもかまいません）
（3）描いた図形を構成する直線に対して、その両端がマス目の何行何列目に位置するか調べて、元の方眼紙の同じ位置に線を描く
（4）最初に写真を撮ったのと同じように見える角度から眺める

このようなアプローチで、たとえば次ページの図のように立方体と直方体が飛び出して見える図形を作成できました。

みなさんもぜひ試してみましょう。

ポップアップする図形 | 171

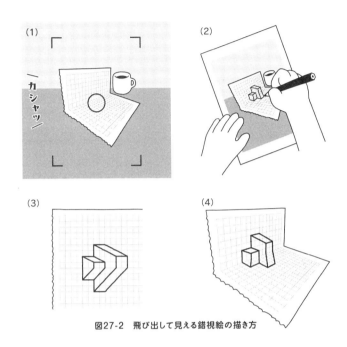

図27-2　飛び出して見える錯視絵の描き方

ポップアップカード

　先ほど紹介したものは、紙から飛び出した立体のように見えるけれども、実際には紙の上に描かれた平面図形でした。

　一方で、本当に紙から立体が立ち上がるポップアップカードもたくさん市販されています。折りたたまれたカードを開くと、誕生日のお祝いやクリスマスカード用にデザインされた、可愛らしい立体が立ち上がります。そういったポップアップの仕組みをふんだんに盛り込んだ、飛び出す絵本もたくさんあります。

第2章 触って作って感じる数学

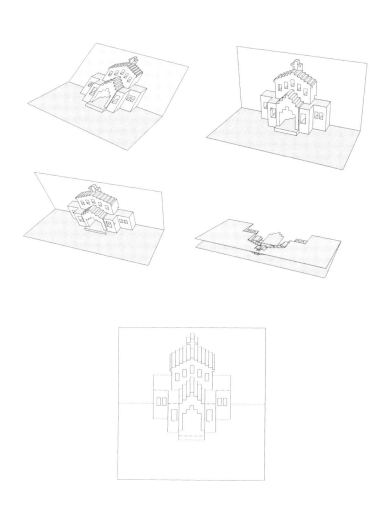

図27-3　1枚の紙に切り込みを入れるだけで作れるポップアップカードと展開図

ここでは前ページの図27-3のように、1枚の紙に切り込みを入れて折るだけ、という制約のもとで、直角に開いたときに形が立ち上がるシンプルなカードを作ることを考えてみましょう[※1]。このカードは半分に折りたたむことができ、開くと立体が立ち上がります。

もっとも簡単な例として、下の図のような直方体が立ち上がるものをとりあげます(1枚の紙で作るので側面はありません)。

図の右側のように真横から見ると、**平行リンク機構**の仕組みを使って正方形が平行四辺形の形を経て平らになる様子がわかります。

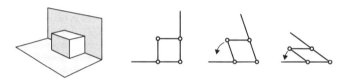

図27-4　直方体が立ち上がるポップアップカード

下の図のように立方体を積み重ねて作った立体の上面と正面だけ取り出した形は、1枚の紙に切り込みを入れるだけで作ることができて、同じように平らに折りたためます。

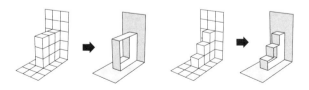

図27-5　立方体で積み木した形の上面と正面からポップアップカードの形を作れる

※1　茶谷正洋氏が**折紙建築**と名付けた、建築物が立ち上がるポップアップカードは世界的に知られています。

原理がわかれば、あとはこの仕組みを組み合わせることで、いろいろな形を作れます。

展開図の作り方

では、こういった飛び出すカードの型紙を作るには、どうしたらよいでしょうか。ここでは、展開図を作図する具体的な手順を次ページの図を参照しながら紹介します。

(1) 長方形の紙を半分に折りたたむための展開図を用意します。中央に谷折りの折り線が1本あるだけです。

(2) 折り目を基準として、立ち上がらせたい形を描きます。

(3) 立ち上がらせたときに、その図形が背面から距離aだけ手前に来るとした場合、その図形を距離aだけ下に移動させます。

(4) 立ち上がらせたときに、図形が背面と接続するように、図形の上辺に高さaの長方形を配置します。

(5) 最後に、水平な線を折り線に変更すれば展開図が完成です。

ポップアップする図形 | 175

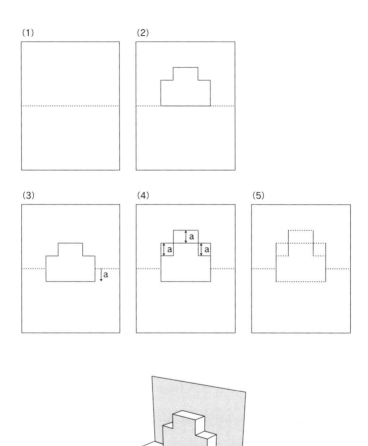

図27-6 飛び出すカードの作り方 (1)

同じような操作を繰り返すことで、さらに形を追加できます。先ほどの工程に続けて、次の手順をしてみましょう。

(6) 先ほど作成した図形の上に、新しく追加する図形を、下辺を揃えて描きます。
(7) その図形をどれだけ手前に出すかによって、距離bだけ下に移動させます。
(8) その図形を先ほどの図形に接続するために、上辺に高さbの長方形を配置します。
(9) 最後に、水平な線を折り線に変更すれば完成です。

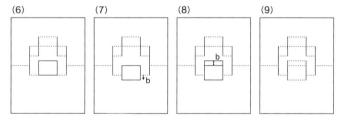

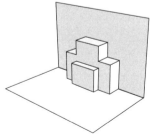

図27-7 飛び出すカードの作り方 (2)

飛び出すカードを作るための、このような手順を理解したら、オリジナルのカードを作ってみましょう。

コ ラ ム

簡単にデザインできるアプリ

　仕組みを理解するには、実際に手で展開図を描くのが一番ですが、パソコンで簡単に作りたいときには、私が作ったWebアプリ「Pop Up Block Designer」がおすすめです。立方体のブロックを積み上げる感覚でポップアップカードをデザインできます。興味がありましたら、是非試してみてください。

https://mitani.cs.tsukuba.ac.jp/ja/software/popup_card/

28
リンゴをクルクル回して むいた皮の形

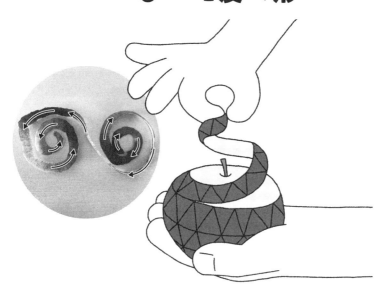

図28-1　リンゴをクルクル回してむいた皮の様子

　リンゴをクルクル回しながら皮をむいていくと、ひとつながりの長い帯のようになります。これを平らに置くと、2つの反対回りの渦巻きがつながった形になります。短い場合はアルファベットのS字のような形に見えます。

2つの渦巻きがつながった形になるわけ

冒頭の写真のように、リンゴをくるくる回しながらむいた皮の形が2つの渦巻きがつながった形になることは経験的に知っているかもしれませんが、なぜ1つの渦巻きではなくて、2つの渦巻きがつながった形になるのでしょう。

数学的に証明するのは難しいですが、このことを直感的なイメージで説明してみましょう。

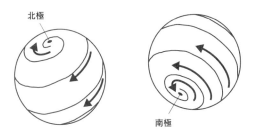

図28-2　北極点を時計回りにまわって進む

地球の北極点に相当する場所から「時計回り」にリンゴの皮をむきはじめて、最後に南極点に到達するまでむき進めるとしましょう。上の図の左側は、北極点から時計回りの渦が出ている様子を表しています。

さて、これをひっくり返して南極側から眺めてみましょう。そうすると、右側の図を見てわかるように、渦の回り方が「反時計回り」になっています。時計回りに見えるのは、あくまで北極点側から見た場合であっ

て、ひっくりかえして眺めれば、反時計回りに進んでいるように見えるのです。リンゴの皮むきも、これと同じように考えることができます。

つまり、北半球と南半球では上空から見たときに渦の回転の向きが逆になるので、リンゴの皮の始点(北極点)と終点(南極点)を両方とも皮の外側が見えるようにして平面に置くと、そこには逆向きの渦が現れることになります。一方は中心から外側へ、そして他方は外側から中心へと進みます。これが中央でつながるのだから、結果として2つの逆向きの渦巻きがつながっている形(またはS字型)になる、というわけです。

多面体の展開図

別の方法として、球面を多角形の集まりで表現して、その展開図を観察することが考えられます。こちらの方が私の好きなアプローチです。

下の図のような多面体を準備します。

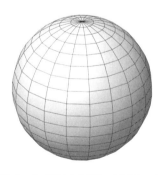

図28-3 球の形をした多面体の3DCGモデル

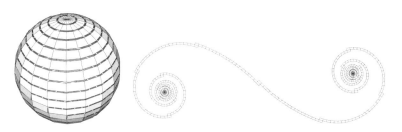

図28-4　球の形をした3DCGモデルの展開図

　多角形がひとつながりの展開図になるように、1つ1つ並べていきます。極の近くから次第に円弧が広がり、赤道付近はまっすぐになる様子がわかります。反対側も同様になるので、結果として2つの逆向きの渦がつながった形になることを確認できます。

　リンゴの皮むきの様子をさらに再現した3Dモデルを作成しました。細長い三角形の列(これをtriangle stripと呼びます)で曲面を近似的に表しています。

図28-5　リンゴの3Dモデル

展開図を作成するソフトウェア[※1]を使用して平面上に開いてみると、リンゴの皮むきの状態が見事に再現されました。

図28-6　リンゴの形の展開図

立体と展開図の関係はおもしろいものですね。ちなみに、この展開図を組み立てれば、リンゴのペーパークラフトができあがります。

※1　ペパクラデザイナーというソフトウェアを使用しました。

|コ|ラ|ム|

立方体のおもしろい展開図

　展開図の話が出てきたので、ここで1つ、おもしろい展開図を紹介します。下の図は、なんの展開図だと思いますか?

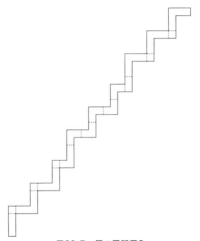

図28-7　何の展開図?

　実はこれ、立方体の展開図です。リンゴの皮むきのように立方体を細長い帯状に展開することで、このような階段状の展開図を作ることができます[※2]。クルクル回しているわけではないので、渦巻きはありません。
　本当に立方体になるか気になる方は、このページをコピーして、試しに組み立ててみましょう。

※2　著者の大学時代の友人の中野圭介さんが教えてくれました。感謝です。

29 マス目を塗って描くフラクタル図形

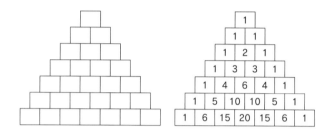

図29-1　パスカルの三角形

　上の図の左のようにピラミッド状に並んだマス目に、次のようなルールで数字を入れていきましょう。
- 最上段に 1 を配置する
- それより下の段は、両端のマス目に 1 を配置して、それ以外のマス目には左上の数と右上の数の和を配置する

　このルールに従って上の段から順番に数字を埋めていくと、上の図の右側のような数字の並びが得られます。

　このような簡単なルールで得られる数字の並びには**パスカルの三角形**という名前がついていて、数学的におもしろい性質を持っています。

パスカルの三角形と二項係数

ちょっと唐突ですが、

$$(x+y)^1$$
$$(x+y)^2$$
$$(x+y)^3$$
$$(x+y)^4$$

の式を展開してみましょう。すると、次のようになります。

$$(x+y)^1 = x+y$$
$$(x+y)^2 = x^2+2xy+y^2$$
$$(x+y)^3 = x^3+3x^2y+3xy^2+y^3$$
$$(x+y)^4 = x^4+4x^3y+6x^2y^2+4xy^3+y^4$$

数学の公式として暗記している方も多いと思います。それでは続いて、それぞれの右辺の係数を左から順番に並べてみます。

$$(x+y)^1 = x+y \rightarrow 1, 1$$
$$(x+y)^2 = x^2+2xy+y^2 \rightarrow 1, 2, 1$$
$$(x+y)^3 = x^3+3x^2y+3xy^2+y^3 \rightarrow 1, 3, 3, 1$$
$$(x+y)^4 = x^4+4x^3y+6x^2y^2+4xy^3+y^4 \rightarrow 1, 4, 6, 4, 1$$

冒頭の図と見比べてみると、$(x+y)^n$を展開した後の係数の並びは、右側の数字の一番上を0段目として、その下を順に1段目、2段目、としていくと、n段目の並びと一致していることがわかります。

このルールを知っていると、

$(x+y)^5$ を展開したときの係数はパスカルの三角形の6段目を見れば 1, 5, 10, 10, 5, 1 であることがわかるので

$$(x+y)^5 = x^5 + 5x^4y + 10x^3y^2 + 10x^2y^3 + 5xy^4 + y^5$$

であることがすぐにわかります。

$(x+y)^6$ も同じようにして展開できます。

このようにして並べた数字は、**二項係数**と呼ばれていて、上から n 段目、左から k 番目の数は

$$\frac{n!}{k!(n-k)!}$$

という式で表されます。これは、n 個のものから k 個のものを選び出す組み合わせの数と等しく、${}_nC_k$ または $\binom{n}{k}$ 表記されることもあります。

マス目に色を塗って作る図形

それぞれのマス目に対して、数字が奇数であれば黒、偶数であれば白で塗ると、下の図のようになります。

図29-2 パスカルの三角形のなかの奇数を塗った様子

- 奇数＋奇数は偶数
- 偶数＋偶数は偶数
- 奇数＋偶数は奇数

ですから、左上と右上の両方が同じ色だったら□として、それ以外の場合は■にする、というやりかたでも色を決定できます。そうすると、わざわざ数字の足し算をしないでも、簡単にマス目を塗っていくことができます。

このようにして、次のような模様を描くことができます。

図29-3　シェルピンスキーのギャスケット

 これは**シェルピンスキーのギャスケット**とも呼ばれる図形で、自己相似性のあるフラクタル図形の一種です。

 前半の話は、数学に寄りすぎていたかもしれません。でも、後半の話はとても単純なルールでマス目を塗っていく話です。方眼紙があれば、すぐにできます。方眼紙を使う場合は、冒頭の図のようにマス目が半分ずつずれた状態ではないので、1マスずつ間隔をとって塗ることにします。
 次の写真は、方眼用紙のマス目を鉛筆で塗って描いた図形です。ちょっとした気分転換(現実逃避)にお試しください。

マス目を塗って描くフラクタル図形 | 189

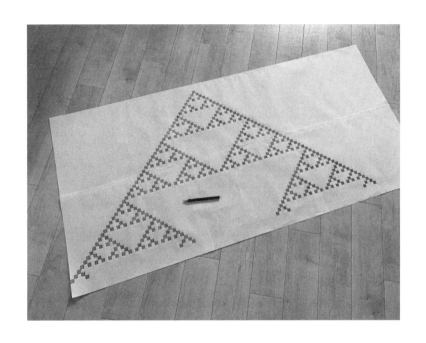

図29-4　方眼紙のマス目を鉛筆で塗って描いたシェルピンスキーのギャスケット

30 結構適当に作る星型多面体

図30-1 段ボールを貼り合わせて作った星型多面体

　不要な段ボールがたくさん集まったら、工作に使わない手はありません。大きくて丈夫で、不要になればすぐに処分できる。便利なことばかりです。

　何を作ろうか悩んだら、とりあえず同じ形の二等辺三角形をたくさん切り出して、星型多面体を作ってはどうでしょうか。

たくさんの二等辺三角形で作る形

　段ボールから適当な大きさの二等辺三角形を切り出したら、その二等辺三角形を定規にして同じ形をできるだけたくさん切り出しましょう。それらを組み合わせれば、冒頭の図のような綺麗な多面体を作ることができます。

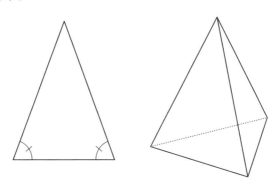

図30-2　二等辺三角形（左）と、それを3枚組み合わせて作る正三角錐

　二等辺三角形の底辺や高さの寸法は適当で構いません。ただし、同じ形の二等辺三角形がたくさん必要です。

　いったい、いくつあればよいかって？ 冒頭の図を見て予想を立ててみましょう。

　冒頭の図の形は、正二十面体の各面に、上の図の三角錐を貼り付けたような形をしています。つまり、三角錐が20個あるので、全部で3×20=60枚の二等辺三角形が必要になります。

準備は大変ですが、数が揃ったら、あとはガムテープでどんどん貼り合わせていくだけです。まずは二等辺三角形を3枚貼り合わせて三角錐の側面だけを作ります。二等辺三角形の形はどれも同じですから、底面の部分は正三角形になります。

この三角錐を20個作ったら、今度はそれらの底辺どうしを貼り合わせて立体にします。下の図に示す正二十面体の各三角形に、三角錐を貼っていくようなイメージです。下の図を参考にして、1つの頂点周りに5つの三角錐が接続するようにするのがポイントです。

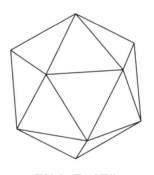

図30-3　正二十面体

星型多面体

このような正多面体に三角錐が生えた形の1つに、次ページの図に示す**大星型十二面体**と呼ばれるものがあります。大星型十二面体と呼ぶには、図30-4の○で囲んだ4点が同一直線上にある必要があります。

このようになるのは、二等辺三角形の底辺と斜辺の比が $1 : \dfrac{1+\sqrt{5}}{2}$ という**黄金比**のときです。

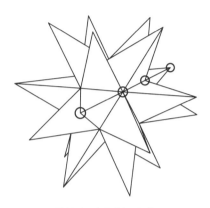

図30-4　大星型十二面体

　また、次ページの図30-5のように正十二面体を構成する12個の正五角形の面に、二等辺三角形を5枚使ってできる五角錐を貼っていくことでできる立体も綺麗です。この立体には**小星型十二面体**という名前がついています。五角錐が12個ありますから、必要な二等辺三角形の数は、5×12=60。おもしろいことにやはり60になります。

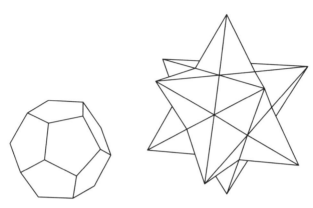

図30-5　正十二面体と小星型十二面体

　とくに正確な形を作るわけでない場合は、二等辺三角形をたくさん切り出して組み合わせるだけで、簡単に星型の大きなオブジェが作れます。段ボールを切るのや組み立てるのはかなり適当でも大丈夫です。

　存在感があるオブジェができるので、作るだけでも楽しいです。

31 折紙の展開図の不思議

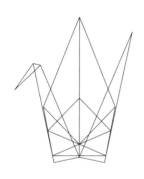
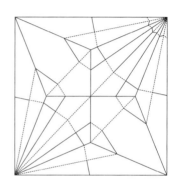

図31-1　折鶴の展開図

　折紙ではさまざまな形を作ることができますが、平らに折りたたむ工程を繰り返すことで完成形に仕上げることがほとんどです。伝承的な折紙として有名な兜やヤッコさん、小鳥やセミなどは、いずれも完成するまでの工程は平らに折る操作を繰り返します。

　立体的だと思える折鶴でも、最後に翼を広げる工程以外は平らに折ります。このように、紙を平らに折ることは折紙の基本的な操作であって、これを**平坦折り**と呼びます。

平坦折りによってできる折り目は必ず直線になります。そのため、平らな状態の折紙作品を開いて得られる**展開図**は、まっすぐな線の集まりになります。冒頭の図は翼を広げる直前の折鶴の形（折り線と紙の輪郭を透かして見えるようにしてます）とその展開図です。

展開図は、折ったあとに紙に記録された折り目の情報と見なすことができるので、再び鶴の形を作るには、この折り目に沿って紙を折ればよいことになります。

展開図に含まれる多角形の塗り分け

折ったあとの紙を開いて、形を作るのに使われた折り跡だけを取り出したものが展開図です。形を作るのに貢献していない、目印を付けるために使った折り跡は含めません。

展開図には、折り線に囲まれてできる多角形が含まれます。折り線には**山折り**と**谷折り**の2種類があります。それぞれを一点鎖線と破線で区別することが一般的ですが、本書では実線と破線で区別します[1]。

山折りと谷折りのどちらであっても、紙を折るときには折り線に沿って180度折り返すので、図31-2のように、折り線を挟んで接する2つの多角形のどちらか一方は紙の裏側（折紙の白い面）が上を向くことになります。

---

[1]　色によって区別するときには、山折りを赤、谷折りを青にします。

折紙の展開図の不思議 | 197

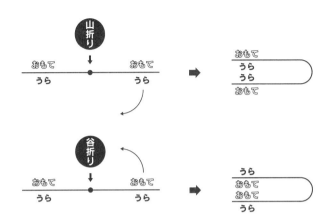

図31-2　紙を折ると、折り線で区切ったどちらか一方の面の裏側が上を向く

　折りたたんだときに紙の裏側が上を向く多角形を白、表側が上を向く多角形を灰色で示すと、冒頭の図の展開図は下の図のように、折り線を挟んでどちらか一方が白で他方が灰色になります。

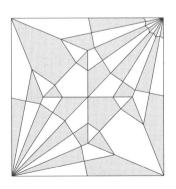

図31-3　折鶴の展開図の塗分け

折り線を挟んで接する2つの多角形が同じ色になることは決してないので、「折紙の展開図は2色で塗り分けられる」というおもしろい性質があります（一般的な地図を隣接する領域が同じ色にならないように塗り分けようとすると、最大で4色必要であることが知られています[1]）。試しに、折ったあとの紙を開いて、多角形の領域を2色で塗り分けてみましょう。なお、2色で塗り分けられる地図は、点に集まる線の数が偶数になります。これは、これから述べる定理にも関係します。

頂点周りの折り線の特徴

さらに展開図の観察を続けてみましょう。折り線の端が集まる点（頂点と呼びます）の周りを切り出してみます。1つの例として、下の図のような展開図を得ることができます。

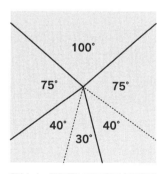

図31-4　平坦折りできる単頂点展開図

---

[1] **4色問題**として広く知られ、120年以上証明されていませんでしたが、20世紀にケネス・アッペルとヴォルフガング・ハーケンにより証明され「**4色定理**」となりました。

折紙の展開図の不思議　199

　このように頂点が1つだけある展開図のことを**単頂点展開図**といいます。この展開図が平らに折りたたまれる展開図であることがわかっているとき、折り線の配置には、次のような性質があります。

1つおきの角度の和は180°である

　図31-4の角度を実際に1つおきに足し合わせてみると、確かにこのことが言えます。たとえば、角度が100°の箇所から始めて1つおきに足していくと、100°+40°+40°=180°になっています。おもしろいことに、これはどのような展開図であっても、平らに折りたたまれるのであれば常に成り立ちます。このような事実を、**川崎定理**[※2]といいます。

　また、山折りと谷折りの折り線の数に注目すると、次のような式が成り立ちます。

（山折りの数）−（谷折りの数）=±2

　これも、冒頭に示した展開図で確認してみると、山折りが4、谷折りが2ですから、確かに成り立っていることがわかります。このような事実を、**前川定理**[※3]といいます。また、（山折りの数）+（谷折りの数）は必ず偶数になります。これは、前述の2色で塗り分けできる地図の点の特徴（点に集まる線の数は偶数）と合っています。そして、そもそも線の数が偶数でないと、川崎の定理の「1つおき」が成立しませんね。

※2　川崎-ジュスタンの定理と呼ぶこともあります。
※3　前川-ジュスタンの定理と呼ぶこともあります。

平らに折りたたむことができる展開図であれば常に成り立つので、手元の紙を折って開いて、観察してみましょう。

折りたためる展開図は？

先ほどの川崎定理と前川定理は平らに折りたためる展開図の性質をいっていました。では逆に、この2つの性質を満たす展開図は平らに折りたためるといってよいでしょうか？

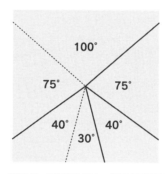

図31-5　平坦折りできない単頂点展開図

上の図の展開図は、先ほどの図31-4とほとんど同じに見えます。折り線の配置はまったく同じで、山谷の割り当て方が少しだけ異なっています。1つおきの角度の和は180度であって、山折りと谷折りの数の差は2です。パッと見ただけでは、問題なく折りたためそうですね。でも、実際には折りたたむことができません。

折りたためない、という事実を言葉で説明するのはとても難しいので、ぜひ手元の紙で試してみましょう。紙が衝突してしまって、どうしても折りたためないという状態を体感できます。

図31-5の展開図は、図31-4と折り線の配置が同じなので、山谷の割り当て方に問題があることがわかります。つまり、山谷の割り当てを適切にすれば折りたためます。折り線の配置が川崎定理を満たすのであれば、平坦に折りたためるような山谷の割り当て方が必ず存在することが知られています。

したがって、これらをまとめると、

川崎定理を満たすことは、平坦折りできることの**必要十分条件**であって、前川定理を満たすことは、平坦折りできることの**必要条件**であるけれど、**十分条件**ではない。

ということになります。

ちょっと難しい表現になってしまったと思うので、改めて必要条件・十分条件・必要十分条件という用語の説明を交えて、丁寧に説明してみます。

■必要条件
条件Aが成り立つためには、条件Bが必ず成り立つ必要があるとき、条件Bは条件Aが成り立つための必要条件といいます。ただし、条件Bが成り立つからといって、条件Aが必ず成り立つわけではありません。

具体例：
「（条件A）Yさんは東京に住んでいる」が成り立つためには、「（条件B）Yさんは日本に住んでいる」が必ず成り立つ必要があります。

折紙の説明：
単頂点展開図が平坦に折りたためるためには、前川定理を必ず満たす必要があります。ただし、前川定理を満たすからと言って、平坦に折りたためるとは限りません。

■十分条件
条件Aが成り立てば、条件Bも必ず成り立つとき、条件Aは条件Bが成り立つための十分条件といいます。

具体例：
「（条件A）Yさんは東京に住んでいる」が成り立てば、「（条件B）Yさんは日本に住んでいる」も必ず成り立ちます。

折紙の説明：
単頂点展開図が平坦に折りたためるのであれば、その展開図は前川定理を満たします。

■必要十分条件
条件Aが成り立てば必ず条件Bも成り立ち、逆に条件Bが成り立てば必ず条件Aも成り立つとき、条件Bは条件Aが成り立つための必要十分条件といいます。その逆も成り立ちます。

具体例：
「（条件A）正の整数Xは偶数である」が成り立てば、「（条件B）正の

整数 X の 2 乗は偶数である」も必ず成り立ちます。また、「（条件 B）正の整数 X の 2 乗は偶数である」が成り立てば
「（条件 A）正の整数 X は偶数である」も成り立ちます。

折紙の説明：
単頂点展開図が平坦に折りたためるのであれば、その展開図は川崎定理を満たします。また、展開図が川崎定理を満たすのであれば、（山谷を適切に割り当てることで）必ず平坦に折りたためます。

必要条件・十分条件といった用語は普段あまり使わないかもしれませんが、折紙の平坦折り可能性の話は、高校で学習する**命題論理**のよい復習になります。いろいろなものごとを論理的に考えるのに役立ちますから、ここで一度、じっくり考えてみるのもよいでしょう。

ところで、これまでの話は、頂点が 1 つだけの展開図の話でした。頂点が複数ある展開図が与えられた場合、それが実際に折りたたみできるのかどうか判定することは、とても難しい問題であることが知られています[1]。
折紙の展開図 1 つとっても、なかなか奥が深いです。

---

[1]　与えられた展開図を平坦に折りたたむことができるかどうかを判定する問題の難しさは、**NP 困難**と呼ばれるクラスに属します。

32
レターパックにできるだけたくさん入れるには？

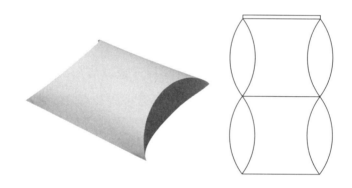

図32-1 ピローボックスとその展開図

　商品を入れるための紙製のパッケージにはさまざまな形がありますが、曲線を取り入れたものはあまり見かけません。そんな中で、曲線を特徴とする代表的なパッケージの例が**ピローボックス**です。

　ピローボックスは上の図の左のような形をしていて、右側に示した展開図には、曲線の折り目が使われています。衣料品や食品など幅広い商品のパッケージに使われていて、マクドナルドのアップルパイに

もこれと似たようなデザインのパッケージが使われています。その展開図に含まれる曲線に沿って紙を折ることで、滑らかな曲面が現れます。さて、この折り目の形は、好きに決められるのでしょうか？　それとも、特定の形に決まっているのでしょうか。

ピローボックスの折り目の形

折り目の形を考えたときに、下の図の右側の曲線ではうまくいかないことは明らかですが、左側のものなら大丈夫そうです。では、中央のものはどうでしょう？　大丈夫そうですか？　ダメそうですか？

ピローボックスとして成り立つ曲線の条件が気になります。

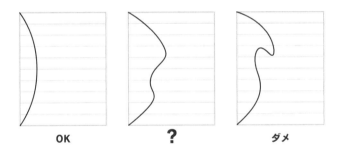

図32-2　ピローボックスの折り目に使える曲線はどれ？

ここで、対象とするピローボックスの形がどのようなものかを明確にしておきましょう。次ページの図32-3のように用語を定めて、次の条件を満たすものを対象とすることにします。

- 左右上下ともに対称（図32-3は全体の4分の1を示したものです）
- 上面と側面はともに柱面で、上面は水平な直線の集まりから、側面は垂直な直線の集まりから構成される
- 長方形の紙から作ることができ、隙間が無い全体が閉じた形になる

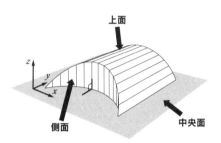

図32-3　対象とするピローボックスの形（全体の4分の1）

下の図の左側に示すように、表面を細長い四角形平面の集まりで近似すると（曲面の**離散表現**といいます）、図中の$\triangle SPQ$が存在できる幾何学的な制約から、角度θに対して$-\pi/4 \leq \theta \leq \pi/4$制約があることがわかります。

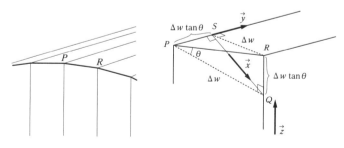

図32-4　折り目付近の拡大図

これは、次のようにして導かれます。

（三平方の定理より）

$$|PS|^2 + |SQ|^2 = |PQ|^2$$
$$\rightarrow \quad (\Delta w \tan\theta)^2 + |SQ|^2 = \Delta w^2$$
$$\rightarrow \quad (\tan\theta)^2 = 1 - \frac{|SQ|^2}{\Delta w^2}$$
$$\rightarrow \quad |\tan\theta| \leq 1$$
$$\rightarrow \quad -\pi/4 \leq \theta \leq \pi/4$$

ΔwはPとRを通る垂直な折り目の間の距離で、θは図32-4中の$\angle QPR$の角度で、展開図上での折り目の傾きに相当します（図32-5）。

以上の考察から「折り目となる曲線は、接線の傾きが±45度の範囲であればよい」ということがわかります。

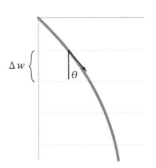

図32-5　折り目となる曲線の接線の傾き

この条件を満たすだけでよいのであれば、ずいぶん自由に折り目の形を決められそうです。実際に、どのようなピローボックスが作れるかを試してみました。下の図の左側は折れ線を、右は曲線を使いました。

普通とは違う、ちょっとおしゃれなピローボックスをちゃんと作ることができました。

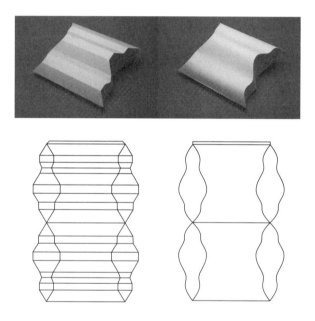

図32-6　新しいピローボックスのデザイン

そのほかにも、図32-7に示すようなさまざまなバリエーションを作ることができました。

図32-7　いろいろなピローボックスデザイン

　作りやすさや強度、容積の観点から、実用的とは言えないものもありますが、従来のピローボックスとはずいぶん印象が違うものも作ることができます。

　さらに、上下対称であるという条件と、側面が垂直であるという条件をはずすと、図32-8のようなものも作れます。ピローボックスには、いろいろなデザインの可能性がありそうです。

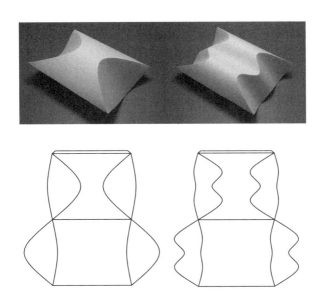

図32-8　上下が対象でないピローボックスのデザイン

レターパックで作れる立体の容積

　日本郵便が提供しているサービスの1つに、「レターパックプラス」があります。これは、定められた封筒に入れたものであれば、一律料金で全国どこにでも送ることができるというものです[1]。このサービスのポイントは、ものを入れたあとの封筒の厚さに制限がない[2]ということ。つまり、折り目を加えて立体的にしても大丈夫です。一律料金ですから、できるだけたくさんのものを入れたいと思うのは自然なことで

---

[1]　重さには4kgまでという制限があります。
[2]　類似のサービスである「レターパックライト」には厚さが3cmまでという制限があります。

すね。では、このレターパックをピローボックス型にしたら、どの程度の容積になるでしょうか。また、容積を最大とするような折り目の形はどのようなものでしょうか。

このように、ある条件のもとで何かの値を最大とするものを求める問題は**最適化問題**と呼ばれるものの1つです。ここで、次のような最適化問題を考えるものとしましょう。

問：レターパックに折り目を付けてピローボックスの形にする場合、容積を最大とする折り目の曲線はどのような形か。また、そのときの最大値はいくらか。

ちなみに、元となる封筒の縦横比によって最適な曲線の形は異なります。今回、レターパックの寸法である340mm×248mmを用いて計算を行ってみました（横に対する縦の比率は1.37です。コピー用紙の比率1.41とは少し異なるようです）。

折り目となる曲線は左右対称なものとして、その一方は3次ベジェ曲線で表されるものに限定することにします。**3次ベジェ曲線**とは、Adobe Illustratorなど一般的なドローソフトで描くことができる曲線で、4つの**制御点**（コントロールポイント）を指定することで形が決まります。したがって、もっとも容積を最大とする曲線を求めるには、この制御点の最適な位置を決めればよいことになります。

さて、これをコンピュータで計算した結果、下の図のような曲線のときに、容積が最大の4,309cm³となることが確認できました。レターパックに4L相当以上のものを入れられるということですね。

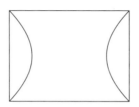

図32-9　容積を最大とするピローボックスの展開図（片側のみ）

このピローボックスの容積と比較するために、断面を円筒、長方形、ひし形とした場合についても最大の容積がどうなるか計算してみました。その結果は、下の図に示す通りです。

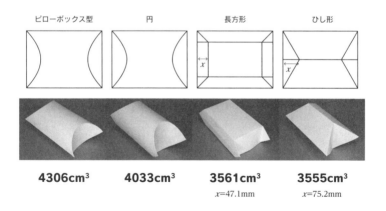

図32-10　折り方と容積の関係

興味深いことに、ピローボックス型の容積が最も大きいことがわかりました。このことは、ピローボックス型が広く使われている理由の1つだと言えそうです。

　一般的なピローボックスの形は、デザイン性だけではなくて、容積を大きくするという点でも有効であると言えますね。

33
紙テープで作る螺旋

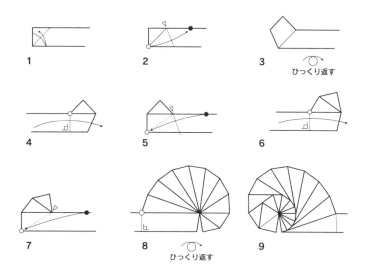

図33-1 紙テープで螺旋を折る手順

　上の図の手順で紙テープを折っていくと、綺麗な巻貝のような形を作ることができます。これは折紙作家である布施知子氏のワークショップで教えてもらった紙テープで螺旋を作る方法です[1]。

---

[1] 参考文献：Fuse Tomoko, SPIRAL FROM TAPE, SPIRAL-ORIGAMI|ART|DESIGN, VIRECK VERLAG, p51,2012.

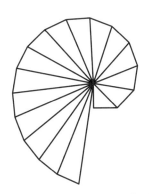

図33-2　紙テープで作られる螺旋の形

　道具を使わずに紙テープを規則正しく折ることで、上の図のような螺旋の形を作り出すことができます。必要な折り操作は、カドを紙テープの縁に乗るように折る操作と、紙テープに直角な線で折り返す操作だけです。これだけで綺麗な螺旋の形が作れてしまうことに驚きます。

螺旋の種類

　さて、こうしてできる螺旋の形はどういった種類のものでしょうか。螺旋にはいろいろな種類がありますが、そのなかに**対数螺旋**と**代数螺旋（アルキメデス螺旋）**と名付けられているものがあります。次ページの図33-3に示すように、対数螺旋は中心から離れるほど幅が広がる巻貝のようなもので、自然界でたくさん観察できます。

　一方で、代数螺旋は螺旋の幅が一定の螺旋です。昔ながらの蚊取り線香の形と言ったらイメージできるでしょうか。

図33-3　対数螺旋（左）と代数螺旋（右）

螺旋上の点に対して、原点からの距離をr、**偏角**（どれだけ回転したかを表す角度）θの関係を式で表すと、次のように表されます。

対数螺旋：$r = B^\theta$

代数螺旋：$r = a\theta$　（Bとaは定数です）

このように、原点からの距離と偏角との関係によって点の位置を表すことを**極座標表示**といいます。

対数螺旋上の点は、角度θに対して指数関数的に原点から離れていきます。一方で、代数螺旋上の点は、角度θに比例して原点から離れていきます。

先ほどの紙テープで作る螺旋は、はじめの方の様子を観察すると対数螺旋のように見えます。しかし、これを続けていくと様子が異なってきます。

図33-4は、300回の折り操作を繰り返した時に現れる螺旋で、幅が一定の代数螺旋のように見えます。

不思議ですね。

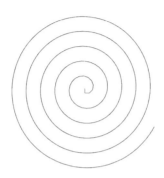

図33-4　紙テープを300回まで折って得られる螺旋の形

計算で確認する

ここでは紙テープの幅を1としましょう。そして、紙テープを折ってできる螺旋は三角形の列として表現されるので、それぞれの辺の長さを調べてみましょう。

まず、はじめの三角形は2辺の長さが紙テープの幅と同じ1である直角二等辺三角形であることがわかります。中心から伸びる辺の長さを $a_1, a_2, a_3, \cdots a_n$ で表すものとしましょう。すると、最初の辺の長さは $a_1=1$ で、次の辺の長さは $a_2=\sqrt{2}$ です。これに続く、中心から延びる次の辺の長さ a_3 は、三平方の定理を使って、$a_3^2=1+a_2^2=3$ であるので $a_3=\sqrt{3}$ となります。このようにして、$a_n=\sqrt{n}$ で表されることがわかります。

とても明快な規則があったわけです。そして、このような螺旋には**テオドルス螺旋**という名前が付けられています。テオドルス螺旋は下の図のような螺旋です。

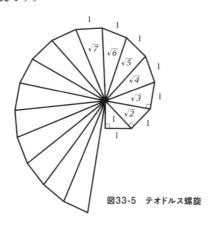

図33-5　テオドルス螺旋

それでは折る回数を増やしていったときに、曲線の形はどのようになるのかを確認してみましょう。

折りを加えることで新しく追加される頂点を曲座標で表すとn番目の点から$n+1$番目の点を生成した時における、原点からの距離rの増分drは

$$dr = a_{n+1} - a_n = \sqrt{n+1} - \sqrt{n}$$

です。

また、その時の偏角θの増分$d\theta$は

$$d\theta = \arccos\left(\frac{a_n}{a_{n+1}}\right) = \arccos\left(\frac{\sqrt{n}}{\sqrt{n+1}}\right)$$

です。arccosはcosの逆関数で、$x=\cos(\theta)$の関係があるときに、$\theta=\arccos(x)$と表されます。

nの値が大きくなった時の$dr/d\theta$の極限（偏角θの増分に対するrの増分）を数式ソフトで求めてみると$1/2$になることが確認できました。つまり、ずっと折り続けてnの値が大きくなると、原点からの距離rの増分は、偏角θの増分の$1/2$に近づくというわけです。

螺旋が1周するとθは2πだけ増えるので、そのときにrは、ちょうどπだけ増えることになります。

以上から、下の図のように次第に幅がπの螺旋に近づくということがわかります。

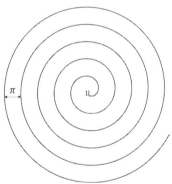

図33-6　ずっと折っていくと螺旋の幅がπに近づく

紙テープで螺旋を折っていくと、そこにπが現れるというのはおもしろいですね。

あとがき

　私は子どものころから工作が好きで、よく紙を切っていろいろなものを作っていました。小学校では算数が好きで、とくに図形に関するものや、パズルのようにちょっと頭をひねるとスマートな解法が見つかるような問題が大好きでした。父親からコンピューターを与えられてからは、プログラムを組んで画面にさまざまな図を描くことに夢中になりました。その後、レクリエーション数学の祖として知られるマーチン・ガードナーの書籍『Aha! ゴッチャ』を読んで感銘を受け、さらにリチャード・ファインマンの『ご冗談でしょう、ファインマンさん』の賢いエピソードの数々に、知的な人物への憧れを抱くようになりました。また、東京大学で図形科学を教授されていた鈴木賢次郎先生の、図形の魅力を前面に押し出した情熱的な講義にも強く感銘を受けました。このような先人からの刺激を受け、私もいつかこんな風になりたいと考えるようになりました。このようないきさつから、大学の教員になって以来、日常生活に現れる数学にまつわる話題を個人ブログやX（旧Twitter）に非定期に投稿するようになりました。

　本書を執筆するにあたり、過去の投稿から楽しくわかりやすい話題を選び、Twitterだけでは書ききれなかった内容を加筆していきました。当初は50〜60程度の話題を想定していたのですが、それぞれについてあれもこれもと書き加えていくうちにページ数がどんどん増えてしまい、最終的には数を絞って33の話題を収録することになりました。もし本書の内容をたくさんの方に楽しんでいただけるようであれば、残りの話題についても紹介できる機会があればと願っています。

　本書の33の話題の中には、私が研究対象としている折紙に関するものや、65周年アンバサダーを務めたプラレールに関するもの、工作に関する

ものも多く含まれています。手を動かして物を作る工作には、幾何学的な学びの要素がたくさんあります。また、全体を通して眺めてみると、対数（log）に関するものが意外と多いことにも気づかされます。無味乾燥に思える高校数学も、こうしてみると日常にたくさん隠れていることがわかります。

　このような日常の数学に焦点をあてた本書が実現したきっかけは、山と溪谷社の宗像練さんから、Twitterでの投稿の中で数学に関係するものを書籍にしないかというお声がけをいただいたことです。宗像さんには本書の構成についても貴重なご意見をいただき、最後までサポートいただきました。この場を借りて深く感謝申し上げます。本書に登場する魅力的なイラストは、吉池康二さんにご担当いただきました。本書にはたくさんの図が登場するため、これらのイラストを作成するのは大変な作業だったと思います。心から感謝いたします。また、本書のレビューをいただいた小谷潔さんと前川淳さんにも感謝の意を表します。小谷さんは私の大学時代の同級生で、ともに東京大学工学部精密機械工学科で学びました。前川さんは私も所属している日本折紙学会の評議員であり、折紙と数学に関する深い造詣をお持ちです。お二人の貴重なご意見が、本書をより良いものにしてくれました。

　本書で取り上げた日常の数学に関する多くの話題は、私の3人の子どもたちとの遊びや会話の中で見つけたものです。日々、私に新しい視点やおもしろい発想を提供してくれる私の家族にも、感謝の気持ちを伝えたいと思います。

　本書を通じて、日常の数学の楽しさを読者のみなさまと共有できたなら、これ以上の喜びはありません。

2024年　三谷純

さくいん

【あ】

アルキメデスの多面体 ･･････････････ 168
アルキメデス螺旋 ･･････････････････ 215
アルゴリズム ･･････････ 98,141,144,145
一葉双曲面 ････････ 108,111-115,147
陰関数 ･･･････････････････････ 40-42
因数 ･･･････････････････････････ 46
NP困難 ･･････････････････････････ 203
ヴィヴィアーニ曲線 ･･･････････････････ 116
エンコード ･･･････････････････ 138-140
円順列 ･･････････････････････ 67,68
円錐曲線 ･････････････････ 30,32,164
オイラーの多面体定理 ････････････ 77-79
黄金比 ･･･････････････････････ 193
折紙建築 ･･･････････････････････ 173

【か】

ガウス関数 ･･･････････････････････ 44
陰 ･･･････････････････････ 32,34
価数 ･･･････････････････ 76,79-81
可展面 ･･････････････････････ 147
川崎定理 ･･･････････ 199-201,203
関数アート ･･････････････････ 38,44
期待値 ･･･････････････････ 70,71,74
極座標表示 ･･･････････････････ 216
曲率 ･･････････････････････ 150
組み合わせ爆発 ･･････････････ 68,122
計算尺 ･･････････････････････ 51
月食 ･･････････････････････ 34
コラッツ予想 ･････････････････ 52-55

【さ】

再帰 ･･･････････････････ 141,144
最適化問題 ･･･････････････････ 211
最密充填問題 ･･･････････････････ 106
錯視図形 ･･････････････････ 169
三角形メッシュ表現 ･･････････････ 75
3次ベジェ曲線 ･･･････････････ 211
3進数表現 ･･･････････････････ 138
三すくみ ･･････････････････････ 12
シード ･･････････････････････ 10,13
シェルピンスキーのギャスケット ･････ 188
自己双対 ･･････････････････ 168
指数関数的増加 ･･･････････････ 153
充填率 ･･････････････････････ 106
十分条件 ･･･････････････ 201-203
準線 ･･････････････････････ 163
焦点 ･･････････････････ 163,164
小星型十二面体 ･･･････････････ 193
常用対数 ･･････････････････ 29
錐面 ･･････････････････････ 109
数学的帰納法 ･･･････････････ 96
制御点 ･･････････････････････ 211
正二十面体 ･･･ 77,114,166,167,191,192
切頂二十面体 ･･･････････････ 168
漸近 ･･････････････････････ 161
線織面 ･･･････････････ 109,110,147
総当たり戦 ･･････････････････ 12
双曲線 ･･･････････ 31,32,110,112,164
双曲放物面 ･･･････････････ 110,111
双対 ･･･････････････ 165,167,168
薗部式ユニット ･･･････････････ 165
ソルバ ･･････････････････････ 135

【た】

対数 ･･････････････ 29,38,50,51,86,87
大円 ･･････････････････････ 35
対数螺旋 ･･･････････････ 215,216
代数螺旋 ･･･････････････ 215-217

大星型十二面体 ……………………… 192
楕円 …………………… 31,32,162-164
谷折り ………… 149,174,196,199,200
単頂点展開図 …………… 199,202,203
柱面 …………………………… 109,206
頂点 ………………………………
　32,66,75-82,166-168,192,198,199,203,
　　　　　　　　　　　　　　　　218
超越数 ……………………………… 38
テオドルス螺旋 ……………………… 218
デコード …………………………… 140
展開図 ………………………………
92,93,149,174,177,180-183,195-205,
　　　　　　　　　　　　207,212
点光源 ……………………………… 31
ドラゴン曲線 ………………… 157,158

【な】
ナプキンリング問題（Napkin ring problem）
………………………………61-63
二項係数 …………………… 185,186
二次曲線 ………… 30,31,162,164
2進数 ……………………………… 140
ネイピア数 ………………………… 38

【は】
白銀比 …………………………… 154
パスカルの三角形 …………… 184-187
ハノイの塔 ………………… 141-145
パラメータ ……………………… 115
半正多面体 ……………………… 168
必要十分条件 ………………… 201,202
必要条件 ……………………… 201,203
標準偏差 ………………………… 72
ピローボックス …………………………
………… 204,205,208,209,211-213
ファインマン・ポイント ……………… 137
フェルミ推定 ……………………… 113

藤本の漸近法 ……………………… 161
不戦勝 ……………………………… 10
フラクタル図形 ………… 157,184,188
分散 …………………………… 71,72,74
平行光源 …………………………… 31
平行リンク機構 …………………… 173
平坦折り ………… 195,196,201,203
偏角 …………………………… 216,218,219
ベンフォードの法則 ………… 25,26,28,29
放物線 ………… 31,32,38,162,164
包絡線 …………………… 163,164

【ま】
前川定理 ………………… 199-202
魔方陣 …………………………… 56-60
三つ巴 ……………………………… 12
命題論理 ……………………… 203
メルセンヌ数 …………………… 145
面心立方充填 …………………… 107

【や】
約分 ………………………… 45-48,50
山折り ………… 149,196,199,200
ユニット折り紙 …………… 165,166,168
陽関数 …………………………… 40,41
4色定理 ………………………… 198
4色問題 ………………………… 198

【ら】
リーグ戦 ……………………………… 12
離散表現 ………………………… 206
レーダーチャート ………… 65-67,122
列挙 …………………………… 118,119
六方最密充填 …………………… 107

bit（ビット） ……………………… 140
triangle strip ………………… 181

三谷純（みたに・じゅん）

筑波大学システム情報系教授。コンピュータ・グラフィックスに関する研究に従事。1975年静岡県生まれ。2004年東京大学大学院博士課程修了、博士（工学）。2005年理化学研究所研究員。2006年筑波大学システム情報工学研究科講師。2015年より現職。日本折紙学会評議員。2006年〜2009年に科学技術振興機構さきがけ研究員として折紙の研究に従事。コンピュータを用いた折紙の設計技法などに関する研究を行っている。子どものころから紙工作とコンピュータが大好きで、それがそのまま現在の研究テーマにつながっている。著書に『ふしぎな球体・立体折り紙』『立体ふしぎ折り紙』（二見書房）、『文様折り紙テクニック』『曲線折り紙デザイン』『立体折り紙アート』（日本評論社）、『C言語 新版 ゼロからはじめるプログラミング』『Python ゼロからはじめるプログラミング』（翔泳社）など多数。

装丁・本文デザイン／イラスト　吉池康二（アトズ）
校　正　高松夕佳
編　集　宗像練（山と溪谷社）

日常は数学に満ちている

2024年12月5日　初版第1刷発行

著　者　三谷純
発行人　川崎深雪
発行所　株式会社 山と溪谷社
　　　　〒101-0051
　　　　東京都千代田区神田神保町1丁目105番地
　　　　https://www.yamakei.co.jp/

印刷・製本　株式会社シナノ

- 乱丁・落丁、及び内容に関するお問合せ先
  山と溪谷社自動応答サービス
  TEL.03-6744-1900　受付時間／11:00〜16:00(土日、祝日を除く)
  メールもご利用ください。
  【乱丁・落丁】service@yamakei.co.jp【内容】info@yamakei.co.jp
- 書店・取次様からのご注文先
  山と溪谷社受注センター
  TEL.048-458-3455　FAX.048-421-0513
- 書店・取次様からのご注文以外のお問合せ先
  eigyo@yamakei.co.jp

＊定価はカバーに表示してあります。
＊落丁・乱丁本は送料小社負担でお取り替えいたします。
＊本書の一部あるいは全部を無断で複写・転写することは
　著作権者および発行所の権利の侵害となります。あらかじめ小社までご連絡ください。

©2024 Jun Mitani All rights reserved.
Printed in Japan　ISBN978-4-635-13019-6